前　言

为了帮助报考管理类综合能力各个专业的考生快速拾起初等数学的各类知识点，在备考过程中，快速查阅考点内容，编者依据考试大纲的内容和要求，结合历年真题所涉及的考点，精心编写了这本查阅便捷的数学公式手册。

本手册的特色如下：

1. 针对性

本手册做了考点全梳理，帮助您快速浏览考试重难点，查漏补缺，掌握核心要点。

2. 准确性

本手册紧扣考试大纲，内容准确可靠，为您复习保驾护航。各个知识点反复检查，确保无误。

3. 全面性

按照核心知识进行总结，高度地概括了所有考点，让您备考一览无余。除了考点之外还增加题型、例题、技巧，这是本手册的特色。

4. 合理性

本手册分为三个部分，第一部分为必备核心公式，第二部分为重点题型点睛，第三部分为解题黄金技巧，每部分层层递进，让您备考乘风破浪，快速突破。

在编写本手册时，编者参阅了众多资料，顺祝各位考生：金榜题名，前程似锦！

课堂学术中心

目　录

01　必备核心公式

02 重点题型点睛

01

必备核心公式

(一) 实数、比与比例、绝对值

※ 考纲考点

1. 整数

(1) 整数及其运算

(2) 整除, 公倍数, 公约数

(3) 奇数, 偶数

(4) 质数, 合数

2. 分数, 小数, 百分数

3. 比与比例

4. 数轴与绝对值

高频考点*

实数的大小比较、绝对值的性质和大小比较以及奇数、偶数和质数、合数的性质

※ 实数

1. 实数分类

包括有理数和无理数.

$$\text{实数}\mathbf{R}\begin{cases}\text{有理数}\mathbf{Q}\left\{\begin{matrix}\text{整数}\\\text{分数}\end{matrix}\right\}\text{有限小数或无限循环小数}\\\text{无理数}\left\{\begin{matrix}\text{正无理数}\\\text{负无理数}\end{matrix}\right\}\text{无限不循环小数}\end{cases}$$

* 高频考点非考纲内所注, 本书中所有高频考点均由作者统计历年考题而成.

2. 有理数和无理数的本质区别

任何有理数都可以写成$\frac{n}{m}$($m,n\in\mathbf{Z}$，且$m\neq0$)的形式，比如$\frac{1}{2}$，$\frac{3}{7}$，$-3=-\frac{3}{1}$，0.

无理数无法表示成分子和分母都是整数的分数 .

3. 常见的三类无理数

(1) $\pi=3.1415926\cdots$，$e=2.7182\cdots$.

(2) 开不尽的根号，如：$\sqrt{2}$.

(3) 取不尽的对数，如：$\log_2 3$.

陷阱： 并不是所有带根号的数与对数形式的数都为无理数，如$\sqrt{4}$，$\log_2 4$的值均为 2，是有理数，所以判断有理数、无理数的根据是结果而不是形式 .

4. 有理数和无理数的组合性质

有理数 ± 有理数→有理数；
有理数 × 有理数→有理数；
有理数 ÷ 非零有理数→有理数 .

有理数 ± 无理数→无理数；
非零有理数 × 无理数→无理数；
非零有理数 ÷ 无理数→无理数 .

无理数 ± 无理数→不确定；
无理数 × 无理数→不确定；
无理数 ÷ 无理数→不确定 .

5. 整数与自然数

(1) 自然数 $\mathbf{N}$: 0, 1, 2, ….

(2) 整数 $\mathbf{Z}$: …, –2, –1, 0, 1, 2, ….

$$整数\begin{cases}正整数\mathbf{Z}^+\\ \quad 零\\ 负整数\mathbf{Z}^-\end{cases}$$

其中正整数和零称为非负整数 .

6. 数的除法

(1) 整数的带余除法:

设 a,b 是两个整数，其中 $b>0$，则存在整数 q，r 使得 $a=bq+r$，$0 \leqslant r<b$ 成立，而且 q，r 都是唯一的 . q 叫作 a 被 b 除所得的（不完全）商，r 叫作 a 被 b 除所得的余数 .

注意: 若 $b>0$，则 $b|a$ 的充要条件是带余除法中余数 $r=0$.

(2) 整数整除的特征:

- 0 能被任意正整数整除;
- 能被 2 整除的数, 个位数字是 0, 2, 4, 6, 8;
- 各位数字之和能被 3(或 9)整除的数必能被 3(或 9)整除;
- 末两位数组成的数能被 4 整除的数必能被 4 整除;
- 末位数是 0 或 5 的数能被 5 整除;
- 两个相邻的自然数中, 必有一个能被 2 整除, 另一个不能;

(3) 公倍数与公约数:

- 任意一个正整数的最小约数是 1, 最大的约数是它的本身 .

① 最大公约数的表示方法为 (a,b) ; 最小公倍数的表示方法为

$[a,b]$, 关系 : $[a,b]=\dfrac{ab}{(a,b)}$, 特别地, 当 $(a,b)=1$ 时, 有 $[a,b]=ab$.

② 最大公约数和最小公倍数的求法 .

最大公约数求法: 直接将各数分解, 然后写出最大的共同约数 .

最小公倍数求法:

· 分解质因数法

先把这几个数分解质因数，按从小到大的顺序进行排列，将所有质因数的最高次数项连乘起来，所得的积就是它们的最小公倍数.

例如，求［12，18，20］.

因为 $12=2^2\times3$，$18=2\times3^2$，$20=2^2\times5$，

其中质因数 2 的最高次项为 2^2；

质因数 3 的最高次项为 3^2；

质因数 5 的最高次项为 5；

所以［12，18，20］$=2^2\times3^2\times5=180$.

（可用短除法计算）

· 公式法

由于两个数的乘积等于这两个数的最大公约数与最小公倍数的积，即（a，b）［a，b］$=ab$.

所以，求两个数的最小公倍数，就可以先求出它们的最大公约数，然后用上述公式求出它们的最小公倍数 .

例如，求［18，20］. 即得

$[18, 20]=18\times20\div(18, 20)=18\times20\div2=180$.

求多个正整数的最小公倍数，可以先求出其中两个数的最小公倍数，再求这个最小公倍数与第三个数的最小公倍数，依次求下去，直到最后一个为止．最后所得的那个最小公倍数，就是所求的几个数的最小公倍数．

注意： 此公式仅仅适合于 2 个正整数的计算．

③ 公约数和公倍数的用法

- 公约数的应用场合：对于长度或数量不同的物品，进行等长度或等数量分段时，按照公约数分即可．
- 公倍数的应用场合：当不同时间或空间的人或物在同一时间点或地点出现时，按照公倍数思考．

7. 质数与合数

（1）正整数 $\begin{cases}\text{质数（素数，只有1和自身的两个约数）}\\ 1\\ \text{合数（除了1和自身以外还有其他约数）}\end{cases}$

（2）重要性质

- 质数和合数在正整数的范围之中，均有无穷多个；
- 1 既不是质数也不是合数．

陷阱： 最小的质数是 2，也是唯一的偶质数；大于 2 的质数必为奇数．

8. 奇数、偶数

（1）奇数

不能被 2 整除的数，可以表示为 $2k+1$，k 为整数．

（2）偶数

能被 2 整除的数，可以表示为 $2k$，k 为整数．

(3) 组合性质

奇数 ± 奇数→偶数;　　奇数 × 奇数→奇数;

奇数 ± 偶数→奇数;　　奇数 × 偶数→偶数;

偶数 ± 偶数→偶数;　　偶数 × 偶数→偶数.

注意: 0 是偶数. 两个相邻整数必为一奇一偶.

(4) 奇数个奇数的和是奇数, 偶数个奇数的和是偶数; 奇数的正整数次幂是奇数, 偶数的正整数次幂是偶数; 任意两个连续正整数的和是奇数, 积是偶数 .

(5) $a+b$ 与 $a-b$ 的奇偶性相同, 其中 a, b 为两个任意整数.

※ 比与比例

1. 比例的基本性质

(1) $a:b=c:d \Leftrightarrow ad=bc$.

(2) $a:b=c:d \Leftrightarrow b:a=d:c \Leftrightarrow$

$b:d=a:c \Leftrightarrow d:b=c:a$.

2. 正反比例

(1) 若 $y=kx$($k\neq0$, k 为常数), 则称 y 与 x 成正比例, k 为比例系数;

(2) 若 $y=\frac{k}{x}$ ($k\neq0$, k 为常数), 则称 y 与 x 成反比例, k 为比例系数 .

3. 比例定理

(1) 合比定理 :

$\frac{a}{b}=\frac{c}{d}\Leftrightarrow\frac{a+b}{b}=\frac{c+d}{d}$.（采用两边加 1，可通分推导）

（2）分比定理：

$\frac{a}{b}=\frac{c}{d}\Leftrightarrow\frac{a-b}{b}=\frac{c-d}{d}$.（采用两边减 1，可通分推导）

（3）合分比定理：若 $\frac{a}{b}=\frac{c}{d}$，则 $\frac{a+b}{a-b}=\frac{c+d}{c-d}\,(a\neq b, c\neq d)$.

（4）等比定理：

$$\frac{a}{b}=\frac{c}{d}=\frac{e}{f}=\frac{a+c+e}{b+d+f}\qquad (b+d+f\neq 0)$$

※ 绝对值

1. 定义

正数的绝对值是它本身；负数的绝对值是它的相反数；零的绝对值还是零 .

2. 数学描述

实数 a 的绝对值定义为：$|a|=\begin{cases} a, & a\geqslant 0, \\ -a, & a<0. \end{cases}$

$|a|$ 的几何意义是：一个实数 a 在数轴上所对应的点到原点的距离值 .

推广： 多个绝对值相加减可以理解为若干个距离进行相加减 .

3. 基本不等式

满足不等式 $|x|<a$ ($a>0$) 的所有实数所对应的就是数轴上全部与原点距离小于 a 的点，即

$|x|<a \Leftrightarrow -a<x<a$ ($a>0$). 同理可得：

$|x|>a \Leftrightarrow x<-a$ 或 $x>a$ ($a>0$).

4. 绝对值的性质

(1) 对称性：$|-a|=|a|$, 即互为相反数的两个数的绝对值相等.

(2) 等价性：$\sqrt{a^2}=|a|$，$|a|^2=a^2$ ($a\in\mathbf{R}$).

(3) 自比性：$a\leqslant|a|$. 推而广之,

$$\frac{|x|}{x}=\frac{x}{|x|}=\begin{cases}1, & x>0,\\ -1, & x<0.\end{cases}$$

(4) 非负性: 即$|a|\geqslant 0$, 任何实数 a 的绝对值非负.

知识扩展: 推而广之，具有非负性的数还有：偶数次方（偶数次根式），如 a^2，a^4，…（$\sqrt{a}$，$\sqrt[4]{a}$，…）.

考点规则: 当若干个非负数之和等于零时，每个非负数的值应该为零；有限个非负数之和仍为非负数.

5. $|x|$ 与 x 的关系

若 $|x|=x$，则 $x\geqslant 0$；　若 $|x|=-x$，则 $x\leqslant 0$.

若 $|x|>x$，则 $x<0$；　若 $|x|>-x$，则 $x>0$.

若 $|x|<x$，则无解；　若 $|x|<-x$，则无解.

若 $|x| \geqslant x$，则 $x \in \mathbf{R}$；若 $|x| \geqslant -x$，则 $x \in \mathbf{R}$.

若 $|x| \leqslant x$，则 $x \geqslant 0$；若 $|x| \leqslant -x$，则 $x \leqslant 0$.

6. 绝对值三角不等式

（1）基本形式

三角不等式：$||a|-|b|| \leqslant |a \pm b| \leqslant |a|+|b|$.

（2）等号成立条件

表达式	成立条件	示例
$\|a\|+\|b\|=\|a+b\|$	$ab \geqslant 0$	$\|-3\|+\|-5\|=\|-3-5\|$
$\|a\|+\|b\|=\|a-b\|$	$ab \leqslant 0$	$\|3\|+\|-5\|=\|3+5\|$
$\|\|a\|-\|b\|\|=\|a+b\|$	$ab \leqslant 0$	$\|\|-5\|-\|3\|\|=\|-5+3\|$
$\|\|a\|-\|b\|\|=\|a-b\|$	$ab \geqslant 0$	$\|\|-5\|-\|-3\|\|=\|-5+3\|$

（3）大小成立条件

表达式	成立条件	示例
$\|a\|+\|b\|>\|a+b\|$	$ab<0$	$\|-3\|+\|5\|>\|-3+5\|$
$\|a\|+\|b\|>\|a-b\|$	$ab>0$	$\|-3\|+\|-5\|>\|-3+5\|$
$\|\|a\|-\|b\|\|<\|a+b\|$	$ab>0$	$\|\|-5\|-\|-3\|\|<\|-5-3\|$
$\|\|a\|-\|b\|\|<\|a-b\|$	$ab<0$	$\|\|-5\|-\|3\|\|<\|-5-3\|$

(二)应　用　题

高频考点

(1) 简单的计算型应用题: 比例问题、利润问题

(2) 涉及复杂等量关系的应用题: 路程问题、工程问题、杠杆交叉比例法、浓度问题、集合问题、分段计费

(3) 较难的动态最值问题: 线性规划、至少至多

※ 比例问题

评注: 比例思维是一种思维能力，支撑着其他应用题技巧的使用，解题常常会涉及比例的性质，例如总量固定时某些量成正比或反比.

1. 原值 $a \xrightarrow{\text{增长}p\%}$ **现值** $a(1+p\%)$

2. 原值 $a \xrightarrow{\text{下降}p\%}$ **现值** $a(1-p\%)$

注意: 一件商品先提价 $p\%$ 再降价 $p\%$，或者先降价 $p\%$ 再提价 $p\%$，回不到原价，应该比原价小，因为: $a(1+p\%)(1-p\%)=a(1-p\%)(1+p\%)<a$.

3. 恢复原值

原值先降 $p\%$，再增 $\frac{p\%}{1-p\%}$ 才能恢复原值.或者先增 $p\%$，再降 $\frac{p\%}{1+p\%}$ 才能恢复原值.

4. 甲比乙大 $p\% \Leftrightarrow \frac{\text{甲}-\text{乙}}{\text{乙}}=p\% \Leftrightarrow \text{甲}=\text{乙}\cdot(1+p\%)$

5. 甲比乙小 $p\%$ $\Leftrightarrow \frac{乙-甲}{乙}=p\% \Leftrightarrow 甲=乙\cdot(1-p\%)$

6. 甲是乙的 $p\%$ $\Leftrightarrow 甲=乙\cdot p\%$

陷阱: 甲比乙大 $p\% \neq$ 乙比甲小 $p\%$.

7. $总量=\frac{部分量}{对应占的比例}$

※ 利润问题

1. 利润 = 售价 − 进价

2. $利润率=\frac{利润}{进价}\times100\%=\frac{售价-进价}{进价}\times100\%=\left(\frac{售价}{进价}-1\right)\times100\%$

陷阱: 利润率的基准量为进价，而不是售价 .

3. 售价 = 进价 ×(1+ 利润率)= 进价 + 利润

评注: 首先要明确利润、售价、进价 (成本)、销量之间的关系；其次在一个题目中出现多个百分比，要弄清楚每个百分比对应的基准量；然后在计算百分比时，可假设基准量为 100 来简化运算 .

※ 路程问题

路程问题是综合能力考试中的常考题型，题型难度属于中等偏上，以直线型和圆圈型两大类型为主线，以相遇与追及为模板 .

1. 路程 S、速度 v、时间 t 之间的关系

$S=vt$，$v=\frac{s}{t}$，$t=\frac{s}{v}$

2. 直线型问题：

（1）直线相遇公式：

$S_{相遇}=S_1+S_2=v_1t+v_2t=(v_1+v_2)t$

（2）直线追及公式$(v_1>v_2)$：

$S_{追及}=S_1-S_2=v_1t-v_2t=(v_1-v_2)t$

3. 圆圈型问题

（1）同向跑步（如图所示）

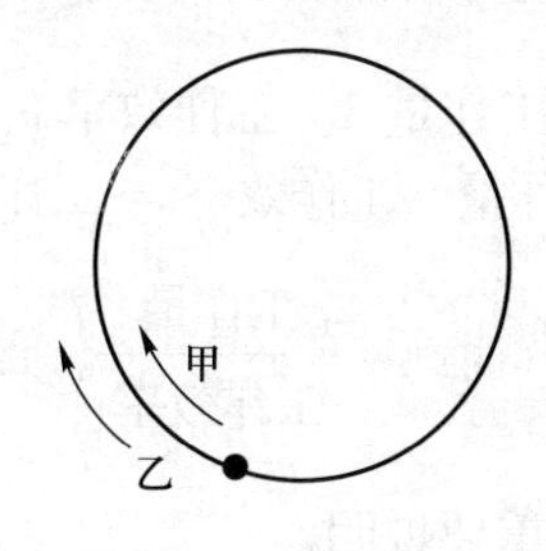

等量关系：经历时间相同，

$S_甲-S_乙=S$，即甲、乙每相遇一次，甲比乙多跑一圈．若相遇 n 次，则有 $S_甲-S_乙=n\cdot S$．

（2）逆向跑步（如图所示）

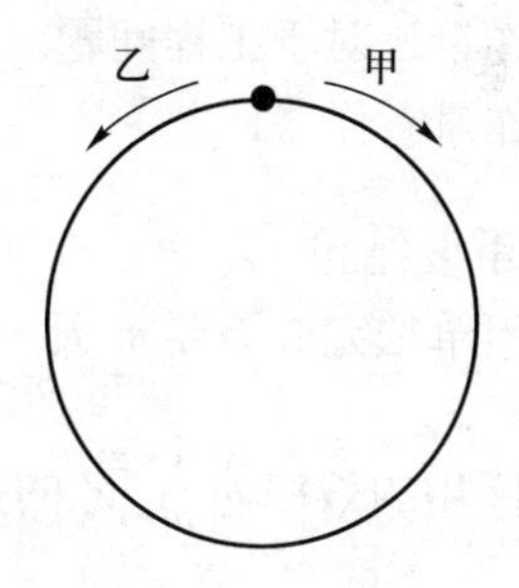

等量关系：经历时间相同，

$S_甲+S_乙=S$，即每相遇一次甲与乙的路程之和为一圈．若相遇 n 次，则有 $S_甲+S_乙=n\cdot S$．

4. 相对速度

甲、乙两个物体运动时，可将其中一个作为参照物，看成相对静止的．

(1) 同向而行的相对速度 $=v_{甲}-v_{乙}$.

(2) 相向而行的相对速度 $=v_{甲}+v_{乙}$.

5. 顺水、逆水行船时的速度

(1) 船顺流时速度 $v_{顺}=v_{船}+v_{水}$.

(2) 船逆流时速度 $v_{逆}=v_{船}-v_{水}$.

※ 工程问题

工程问题可以看成路程问题的延伸：路程可以看作工作量，时间可以看作工作时间，速度可以看作工作效率 .

1. 工作量 S、工作效率 v、工作时间 t 三者的关系：

工作量 = 工作效率 × 工作时间（$S=vt$）；

$$工作时间=\frac{工作量}{工作效率}\left(t=\frac{S}{v}\right).$$

2. 重要说明

工作量：对于工程问题，工作量往往是一定的，可以将总的工作量看作“1”.

3. 重要结论

若甲单独完成需要 m 天，乙单独完成需要 n 天，则

(1) 甲的效率为 $\frac{1}{m}$，乙的效率为 $\frac{1}{n}$；

(2) 甲、乙合作的效率为 $\frac{1}{m}+\frac{1}{n}$；

(3) 甲、乙合作完成需要的时间为 $\frac{1}{\frac{1}{m}+\frac{1}{n}}=\frac{mn}{m+n}$.

注意: 上述公式也可以推广到多人合作问题，此处不再一一列举.

评注: 工程问题主要抓住工作量、工作效率和工作时间三者的关系，在求解时，可以将总工作量看作 1 进行分析. 在工作量相同时，工作效率与工作时间成反比；工作效率固定时，工作量与工作时间成正比；工作时间相同时，工作量与工作效率成正比.

※ 浓度问题

1. 基本公式

溶液量 = 溶质量 + 溶剂量,

$$浓度=\frac{溶质量}{溶液量}\times 100\%=\frac{溶质量}{溶质量+溶剂量}\times 100\%.$$

2. 重要等量关系

(1) 浓度不变准则：将溶液分成若干份, 每份的浓度相等, 都等于原来溶液的浓度；将溶液倒掉一部分后, 剩余溶液的浓度与原溶液的浓度相等.

(2) 守恒原则：物质 (无论是溶质、溶剂，还是溶液) 不会增多也不会减少, 前后都是守恒的.

3. 重要的解题思路

(1) “稀释”问题：特点是加溶剂量, 溶质量不变, 以溶质量为基准进行求解.

（2）“浓缩”问题：也称“蒸发”问题，特点是减少溶剂量，溶质量不变，以溶质量为基准进行求解．

（3）“加浓”问题：特点是增加溶质量，溶剂量不变，以溶剂量为基准进行求解．

（4）“混合”问题：将两种或多种溶液混合在一起，采用溶质或溶剂质量守恒原则进行分析，也可利用杠杆原理分析．

（5）“置换”问题：一般是用溶剂等量置换溶液，可以记住结论，原来溶液 v 升，倒出 m 升，再补等量的溶剂（水），则浓度为原来的 $\frac{v-m}{v}$．

※ 集合问题

1. 两个集合

（1）按宏观区域分

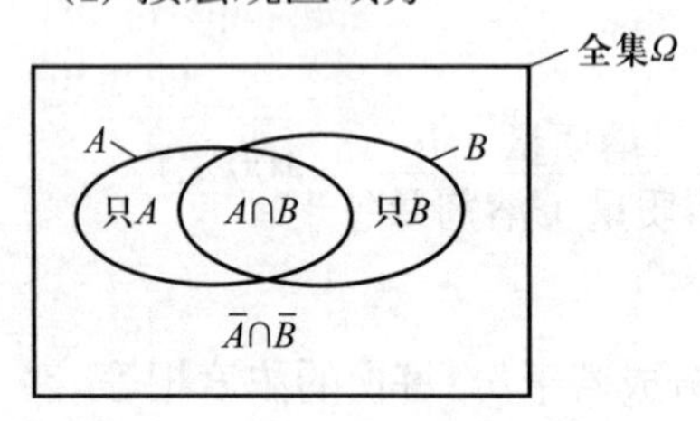

公式：$\text{card}(A\cup B)=\text{card}(A)+\text{card}(B)-\text{card}(A\cap B)$

$$=\text{card}(\Omega)-\text{card}(\bar{A}\cap\bar{B})$$

（2）按参加数量分

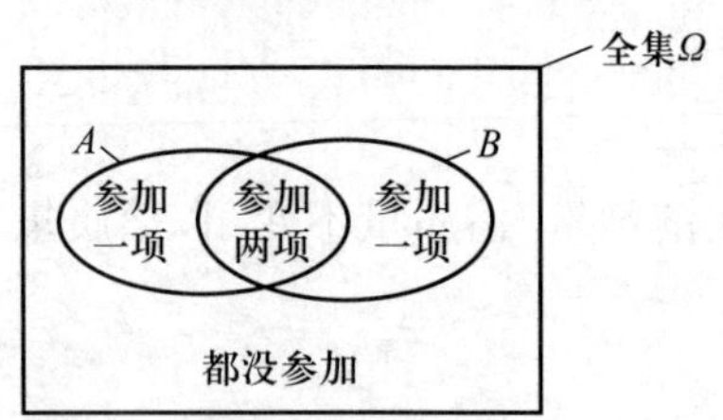

公式：全集元素数 = 仅参加一项元素数 + 参加两项元素数 + 都没参加元素数

2. 三个集合

(1) 按宏观区域分

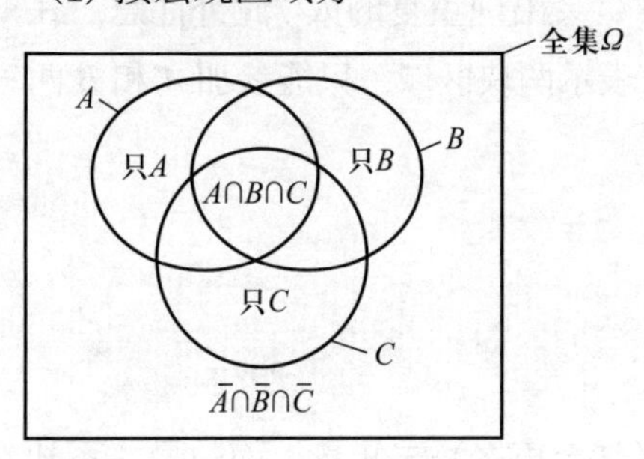

公式：

$$\text{card}(A\cup B\cup C)=\text{card}(A)+\text{card}(B)+\text{card}(C)-[\text{card}(A\cap B)+\text{card}(B\cap C)+\text{card}(A\cap C)]+\text{card}(A\cap B\cap C)$$

$$\text{card}(A\cup B\cup C)=\text{card}(\Omega)-\text{card}(\bar{A}\cap\bar{B}\cap\bar{C})$$

(2) 按参加数量分

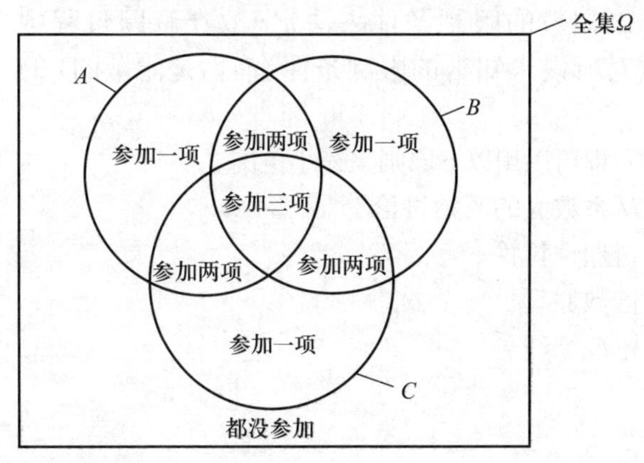

公式：全集元素数 = 仅参加一项元素数 + 仅参加两项元素数 + 参加三项元素数 + 都没参加元素数 .

注意: 区分 $A\cup B\cup C$ 及 $A+B+C$，其中 $A\cup B\cup C$ 不能出现重复的人，$A+B+C$ 会出现重复的人 . 此外注意，在三个集合的问题中 $A\cap B$ 表示两块区域，只能参加 A 和 B 两项的与三项都参加的 .

※ 不定方程

1. 不定方程的特征

在应用题中出现了两个（甚至更多）未知量，而数量关系却少于未知量的个数，则列出的就是不定方程，不定方程一般是指未知数的个数多于方程个数的方程 . 这样的方程的解通常不止一个 .

2. 不定方程的突破口

(1) 不定方程往往有无数个解，因而这种方程的个数由题目中关于未知数的限制条件来决定，故在解题过程中要特别注重对所设未知数的限制条件（有时是隐蔽的）的分析 .

(2) 解不定方程可以用以下原则来缩小范围 .

- 原则一: 从系数大的开始讨论 .
- 原则二: 奇偶性讨论 .
- 原则三: 倍数原理 .
- 原则四: 尾数原理 .

※ 线性规划

总结起来可以分三步，即“三步法”：

(1) 根据题目写出限定条件对应的不等式组；

(2) 将不等式转化为方程，解出目标区域的边界交点；

(3) 若交点为整点，则直接代入目标函数求出最值.

若交点不是整点，则讨论附近的整点，然后再代入目标函数求出最值.

※ 植树问题

1. 开放型植树

$$植树数量=\frac{总长}{间距}+1.$$

2. 封闭型植树

$$植树数量=\frac{总长}{间距}.$$

※ 年龄问题

1. 年龄同步增长

n 年后，每人都增加 n 岁.

2. 年龄差值不变

两人的年龄差不变，但是两人年龄之间的倍数关系随着年龄的增长会发生变化.

(三) 整式、分式

※ 考纲考点

1. 整式

(1) 整式及其运算

(2) 整式的因式与因式分解

2. 分式及其运算

3. 函数

(1) 集合

(2) 一元二次函数及其图像

(3) 指数函数、对数函数

高频考点

(1) 考查计算的题目，主要围绕因式定理来展开；

(2) 考查二次函数的图像特征，尤其在方程和不等式的应用以及在求最值中的应用；

(3) 考查指数和对数的基本性质以及基本运算公式 .

※ 常用公式

- $a^2 - b^2 = (a + b)(a - b)$.
- $a^2 \pm 2ab + b^2 = (a \pm b)^2$.
- $a^2 + b^2 + c^2 + 2ab + 2bc + 2ac = (a + b + c)^2$.
- $a^2 + b^2 + c^2 \pm ab \pm bc \pm ac = \frac{1}{2}[(a \pm b)^2 + (a \pm c)^2 + (b \pm c)^2]$.

- $a^3 \pm b^3 = (a \pm b)(a^2 \mp ab + b^2)$.
- $a^3 \pm 3a^2b + 3ab^2 \pm b^3 = (a \pm b)^3$.
- $a^3 + b^3 + c^3 - 3abc = (a + b + c)(a^2 + b^2 + c^2 - ab - bc - ac)$.

※ 因式

1. 整式的除法

整式 $F(x)$ 除以整式 $f(x)$ 的商式为 $g(x)$，余式为 $r(x)$，则有 $F(x) = f(x)g(x) + r(x)$，并且 $r(x)$ 的次数要小于 $f(x)$ 的次数 .

当 $r(x)=0$ 时，$F(x)=f(x)g(x)$，此时称 $F(x)$ 能被 $f(x)$ 整除 . 记作 $f(x)|F(x)$.

2. 因式定理

$f(x)$ 含有 $(x-a)$ 因式 ⇔ $f(x)$ 能被 $(x-a)$ 整除 ⇔ $f(a)=0$.

3. 十字相乘法

用于分解形如 $ax^2 + bx + c$ 的式子，这类二次三项式的特点是：二次项的系数、常数项是两个数的积；一次项系数是二次项系数的因数与常数项系数的因数乘积之和 . 特殊情况时，二次项的系数为 1.

对于 $ax^2 + bx + c$，对应系数和十字相乘示意图分别为：

(1) $a = a_1a_2$

(2) $c = c_1c_2$

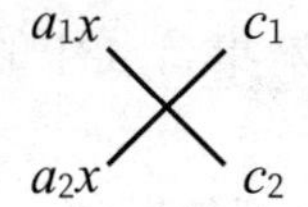

(3) $b = a_1c_2 + a_2c_1$

分解结果:

$ax^2 + bx + c = (a_1x + c_1)(a_2x + c_2)$.

4. 双十字相乘法

当遇到二次六项式 $ax^2 + bxy + cy^2 + dx + ey + f$ 时，可以用双十字相乘法进行因式分解，其步骤是:

(1) 用十字相乘法分解 $ax^2 + bxy + cy^2$，得到一个十字相乘图（有两列）；

(2) 把常数项 f 分解成两个因式填在第三列上，要求第二、第三列构成的十字交叉之积的和等于原式中的 ey，第一、第三列构成的十字交叉之积的和等于原式中的 dx.

例如：$x^2 - 3xy - 10y^2 + x + 9y - 2$

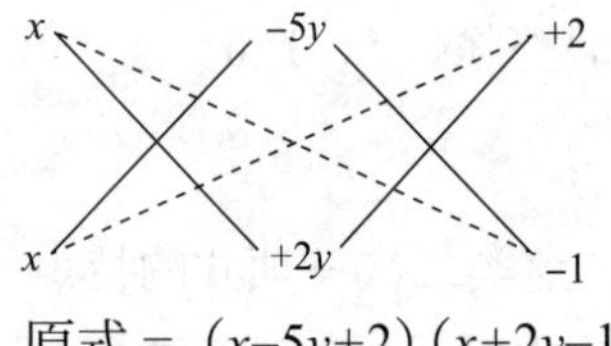

原式 = $(x-5y+2)(x+2y-1)$.

※ 集合

1. 元素与集合的关系

(1) 属于: 如果 a 是集合 A 中的元素, 则称 a 属于 A, 记作 $a \in A$.

(2) 不属于: 如果 a 不是集合 A 中的元素, 则称 a 不属于 A,

记作 $a \notin A$.

2. 集合与集合的关系

(1) 子集: 对于两个集合 A、B, 如果集合 A 中任意一个元素都是集合 B 中的元素, 我们就说这两个集合有包含关系, 称集合 A 为集合 B 的子集. 记作 $A \subseteq B$ (或 $B \supseteq A$), 读作 "A 包含于 B" (或 "B 包含 A").

(2) 真子集: 如果集合 $A \subseteq B$, 存在元素 $x \in B$, 且元素 x 不属于集合 A, 我们称集合 A 与集合 B 有真包含关系, 集合 A 是集合 B 的真子集. 记作 $A \subsetneqq B$(或 $B \supsetneqq A$), 读作"A 真包含于 B"(或"B 真包含 A").

(3) 交集定义: 由所有属于 A 且属于 B 的元素组成的集合, 记作 $A \cap B$ (或 $B \cap A$), 读作 "A 交 B" (或 "B 交 A"), 即 $A \cap B=\{x|x \in A$ 且 $x \in B\}$, 若 A 包含 B, 则 $A \cap B=B$.

(4) 并集定义: 由所有属于集合 A 或属于集合 B 的元素所组成的集合, 记作 $A \cup B$(或 $B \cup A$), 读作"A 并 B"(或"B 并 A"), 即 $A \cup B=\{x|x \in A$, 或 $x \in B\}$. 若 A 包含 B, 则 $A \cup B=A$.

3. 集合的性质

(1) 确定性: 按照明确的判断标准给定一个元素或者在这个集合里或者不在集合里, 不能模棱两可.

(2) 互异性: 集合中没有重复的元素.

(3) 无序性: 集合中的元素没有一定的顺序 (通常用正常的顺序写出).

4. 常用的集合结论

(1) 任何一个集合是它本身的子集, 记为 $A \subseteq A$.

（2）空集是任何集合的子集，记为 $\varnothing \subseteq A$；空集是任何非空集合的真子集 .

（3）n 个元素集合的子集有 2^n 个；

n 个元素集合的真子集有 2^n-1 个；

n 个元素集合的非空子集有 2^n-1 个；

n 个元素集合的非空真子集有 2^n-2 个 .

※ 一元二次函数

形如 $y=ax^2+bx+c\ (a \neq 0)$ 的一元二次函数有以下性质:

1. 开口方向由 a 决定, 分以下两种情况:

（1）当 $a>0$ 时, 开口向上;

（2）当 $a<0$ 时, 开口向下 .

2. 对称轴: 以 $x=-\dfrac{b}{2a}$ 为对称轴 .

注意: 当 $b=0$ 时，一元二次函数图像关于 y 轴对称 .

3. 顶点坐标: $\left(-\dfrac{b}{2a}, \dfrac{4ac-b^2}{4a}\right)$

4. y 轴截距: $y=c$

注意: 当 $c=0$ 时，一元二次函数的图像过坐标原点 .

5. 最值: 当 $a>0$ ($a<0$) 时, 一元二次函数有最小（大）值 $\dfrac{4ac-b^2}{4a}$, 无最大 (小) 值 .

※ 指数、对数

1. 指数运算公式

（1）$a^m \cdot a^n = \;{}^{m+n}$.

（2）$a^m \div a^n = a^{m-n}$.

（3）$(a^m)^n = a^{mn}$.

（4）$a^0 = 1$，$a^{-p} = \frac{1}{a^p}$.

2. 对数运算公式

（1）同底对数

$\log_a m + \log_a n = \log_a (mn)$；$\log_a m - \log_a n = \log_a \frac{m}{n}$.

（2）幂运算 $\log_{a^m} b^n = \frac{n}{m} \log_a b$.

当 $m=1$ 时，$\log_a b^n = n \log_a b$;

当 $m=n$ 时，$\log_{a^n} b^n = \log_a b$.

（3）换底公式

$\log_a b = \dfrac{\log_c b}{\log_c a}$（换底公式），一般 c 取 10 或 e.

注意： 特别地，以 10 为底的对数叫作常用对数，记作 $\log_{10} N$，简记为 $\lg N$；以无理数 e（e=2.71828…）为底的对数叫作自然对数，记作 $\log_e N$，简记为 $\ln N$.

※ 特殊函数

1. 最值函数

(1) max 表示最大值函数 .

比如 $\max\{x, y, z\}$ 表示 x, y, z 中最大的数 .

(2) min 表示最小值函数 .

比如 $\min\{x, y, z\}$ 表示 x, y, z 中最小的数 .

2. 绝对值函数

(1) $y=|ax+b|$

先画 $y=ax+b$ 的图像，再将 x 轴下方的图像翻到 x 轴上方 .

(2) $y=|ax^2+bx+c|$

先画 $y=ax^2+bx+c$ 的图像，再将 x 轴下方的图像翻到 x 轴上方 .

(3) $|ax+by|=c$ $(c>0)$

表示两条平行的直线 $ax+by=\pm c$，且两者关于原点对称 .

(4) $|ax|+|by|=c$ ($ab\neq0$ 且 $c>0$).

当 $a=b$ 时，表示正方形；$a\neq b$ 时，表示菱形 .

(5) $|xy|+ab=a|x|+b|y|$ ($a>0$ 且 $b>0$)

分析： $|xy|+ab=a|x|+b|y| \Rightarrow |xy|-a|x|-b|y|+ab=0 \Rightarrow$ $|x|(|y|-a)-b(|y|-a)=0 \Rightarrow (|x|-b)(|y|-a)=0 \Rightarrow |x|=b$ 或 $|y|=a$，故表示由 $x=\pm b$，$y=\pm a$ 四条直线围成的图形，当 $a=b$ 时，表示正方形，当 $a\neq b$ 时，表示矩形 .

3. 分段函数

有些函数，对于其定义域内的自变量 x 的不同值，不能用一个统一的解析式表示，而是要用两个或两个以上的式子表示，这类函数称为分段函数．分段函数表示自变量在不同的取值范围对应不同的表达式．

4. 复合函数

已知函数 $y=f(u)$，又 $u=g(x)$，则称函数 $y=f[g(x)]$ 为函数 $y=f(u)$ 与 $u=g(x)$ 的复合函数，其中 y 称为因变量，x 称为自变量，u 称为中间变量．

注意： $g(x)$ 的值域对应 $y=f(u)$ 的定义域．

5. 反比例函数

反比例函数	$y=\frac{k}{x}$（k为常数，$k\neq 0$）	
k 的符号	$k>0$	$k<0$
图像	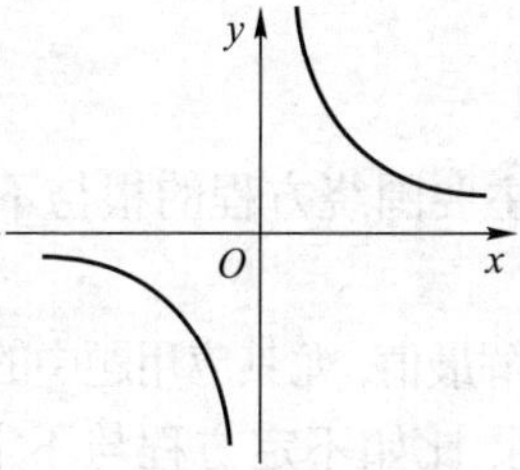	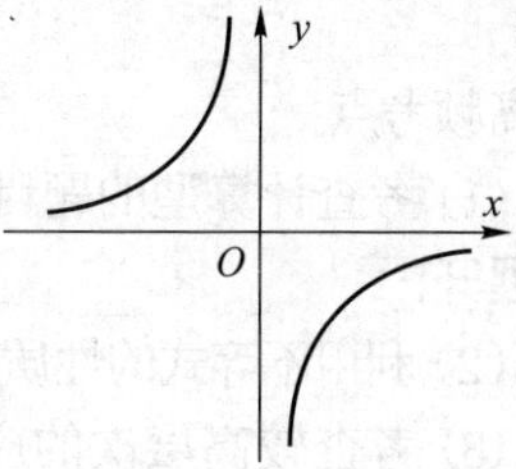
所在象限	一、三象限	二、四象限

(四) 方程、不等式

※ 考纲考点

1. 代数方程（组）

(1) 一元一次方程

(2) 一元二次方程

(3) 二元一次方程组

2. 不等式

(1) 不等式的性质

(2) 均值不等式

(3) 不等式求解

一元一次不等式(组)，一元二次不等式，简单绝对值不等式，简单分式不等式 .

高频考点

(1) 考查计算型的题目，主要围绕方程的根与不等式的解集展开；

(2) 利用不等式的性质求解最值，尤其应用题中的最值问题；

(3) 考查较高层次的应用，比如不定方程与不定不等式（线性规划问题）.

※ 一元二次方程

1. 定义：形如 $ax^2+bx+c=0(a\neq0)$ 的方程为一元二次方程．

2. 根的判别式 Δ（a，b，$c\in\mathbf{R}$）．

$$\Delta=b^2-4ac\begin{cases}\Delta>0,\ \text{方程有两个不相等的实根，}\\ \Delta=0,\ \text{方程有两个相等的实根，}\\ \Delta<0,\ \text{方程无实根．}\end{cases}$$

3. 解法

（1）因式分解法: 把方程化为形如

$a(x-x_1)(x-x_2)=0$ 的形式，则解为 $x=x_1$，$x=x_2$.

如 $6x^2+x-2=0\Rightarrow(2x-1)(3x+2)=0\Rightarrow x_1=\frac{1}{2}$，$x_2=-\frac{2}{3}$．

（2） 配方法: 如 $x^2-4x-2=0\Rightarrow(x-2)^2-6=0\Rightarrow x-2=\pm\sqrt{6}\Rightarrow$ $x_{1,2}=2\pm\sqrt{6}$.

（3）公式法: 将配方后的结果直接做公式使用．

$x_{1,2}=\frac{-b\pm\sqrt{b^2-4ac}}{2a}$（求根公式，$\Delta=b^2-4ac\geqslant0$）．

4. 根与系数的关系—韦达定理

（1）设 x_1, x_2 是方程 $ax^2+bx+c=0$（$a\neq0$, $\Delta\geqslant0$）的两个根,

则有 $x_1+x_2=-\frac{b}{a}$，$x_1x_2=\frac{c}{a}$．

当一元二次方程为 $x^2+px+q=0$ 时，则有

$x_1+x_2=-p$，$x_1x_2=q$．

(2) 韦达定理的扩展及其应用

利用韦达定理可以求出关于两个根的轮换对称式的数值．常用的有以下四个关系式:

① $\dfrac{1}{x_1}+\dfrac{1}{x_2}=\dfrac{x_1+x_2}{x_1x_2}$.

② $\dfrac{1}{x_1^2}+\dfrac{1}{x_2^2}=\dfrac{(x_1+x_2)^2-2x_1x_2}{(x_1x_2)^2}$.

③ $|x_1-x_2|=\sqrt{(x_1-x_2)^2}=\sqrt{(x_1+x_2)^2-4x_1x_2}$,

$x_1^2+x_2^2=(x_1+x_2)^2-2x_1x_2$.

④ $x_1^3+x_2^3=(x_1+x_2)(x_1^2-x_1x_2+x_2^2)$

$=(x_1+x_2)[(x_1+x_2)^2-3x_1x_2]$.

5. 一元二次方程 $ax^2+bx+c=0$ 根的分布情况:

(1) 方程有两个正根$\begin{cases}x_1+x_2>0,\\x_1x_2>0,\\\Delta\geqslant 0.\end{cases}$

(2) 有两个负根$\begin{cases}x_1+x_2<0,\\x_1x_2>0,\\\Delta\geqslant 0.\end{cases}$

(3) 一个正根 x_1 和一个负根 x_2 $\begin{cases}x_1x_2<0\\\Delta>0\end{cases}$, 可简化为 a, c 异号即可, 若 $|x_1|>|x_2|$, 有$\begin{cases}ac<0,\\x_1+x_2>0.\end{cases}$

以下情况可用数形结合法求方程中待定参数（常用）

· 两个根属于同一连续区间，有三个条件确定：

$$\begin{cases}\Delta \geqslant 0, \\ \text{对称轴在区间内,} \\ \text{区间端点函数值同号.}\end{cases}$$

· 两个根分属于两个不连续区间，只需每个区间的两个端点函数值异号 .

· 两个根有一个根大于 k，有一个根小于 $k \Leftrightarrow af(k) < 0$.

※ 不等式

1. 不等式的性质

(1) 传递性：$\begin{cases}a > b \\ b > c\end{cases} \Rightarrow a > c$.

(2) 同向相加性：$\begin{cases}a > b \\ c > d\end{cases} \Rightarrow a + c > b + d$.

(3) 同向皆正相乘性：$\begin{cases}a > b > 0 \\ c > d > 0\end{cases} \Rightarrow ac > bd$.

(4) 同号倒数性：

$a > b > 0 \Leftrightarrow \frac{1}{b} > \frac{1}{a} > 0$； $a < b < 0 \Leftrightarrow \frac{1}{b} < \frac{1}{a} < 0$.

(5) 皆正乘（开）方性：

$a > b > 0 \Rightarrow a^n > b^n > 0$，$\sqrt[n]{a} > \sqrt[n]{b} > 0$ $(n \in \mathbf{Z}^+)$.

2. 一元二次函数、方程、不等式之间的关系 ($a>0$)

$\Delta=b^2-4ac$	$\Delta>0$	$\Delta=0$	$\Delta<0$
一元二次方程 $ax^2+bx+c=0$ 的根	有两个相异实根 $x_{1,2}=\frac{-b\pm\sqrt{b^2-4ac}}{2a}$ $(x_1<x_2)$	有两个相等实根 $x_1=x_2=-\frac{b}{2a}$	没有实根
一元二次不等式的解集 $ax^2+bx+c>0$	$(-\infty,\ x_1)\cup(x_2,+\infty)$	$(-\infty,\ -\frac{b}{2a})\cup(-\frac{b}{2a},\ +\infty)$	$(-\infty,\ +\infty)$
一元二次不等式的解集 $ax^2+bx+c<0$	(x_1,x_2)	无解	无解
一元二次函数 $y=ax^2+bx+c$ 的图像			

3. 一元二次不等式恒成立

(1) 不等式 $ax^2+bx+c>0$ 对任意实数 x 都成立的充要条件是:

$$\begin{cases}a=b=0,\\c>0\end{cases} \text{或} \begin{cases}a>0,\\\Delta<0.\end{cases}$$

(2) 不等式 $ax^2+bx+c<0$ 对任意实数 x 都成立的充要条件是:

$$\begin{cases}a=b=0,\\c<0\end{cases} \text{或} \begin{cases}a<0,\\\Delta<0.\end{cases}$$

4. 特殊不等式（保证其不失根）

(1) 分式不等式的一般解法为：($g(x) \neq 0$)

· $\dfrac{f(x)}{g(x)}>0 \Leftrightarrow f(x)g(x)>0$.

· $\dfrac{f(x)}{g(x)}<0 \Leftrightarrow f(x)g(x)<0$.

· $\dfrac{f(x)}{g(x)}\geqslant 0 \Leftrightarrow \begin{cases} f(x)g(x)\geqslant 0, \\ g(x)\neq 0. \end{cases}$

· $\dfrac{f(x)}{g(x)}\leqslant 0 \Leftrightarrow \begin{cases} f(x)g(x)\leqslant 0, \\ g(x)\neq 0. \end{cases}$

(2) 无理不等式一般有以下几种类型:

· $\sqrt{f(x)}\geqslant g(x) \Leftrightarrow \begin{cases} f(x)\geqslant 0, \\ g(x)\geqslant 0, \\ f(x)\geqslant [g(x)]^2 \end{cases}$ 或

$\begin{cases} f(x)\geqslant 0, \\ g(x)<0. \end{cases}$

· $\sqrt{f(x)}<g(x) \Leftrightarrow \begin{cases} f(x)\geqslant 0, \\ g(x)>0, \\ f(x)<[g(x)]^2. \end{cases}$

· $\sqrt{f(x)}>\sqrt{g(x)} \Leftrightarrow \begin{cases} f(x)\geqslant 0, \\ g(x)\geqslant 0, \\ f(x)>g(x). \end{cases}$

(3) 高次不等式的解法

“数轴穿线法”用于解一元高次不等式非常方便，其解题步骤如下:

① 分解因式, 化成若干个因式的乘积;

② 做等价变形, 便于判断因式的符号, 例如 x^2+1, x^2+x+1, x^2-3x+5 等, 这些因式的共同点是: 无论 x 取何值, 因式的代数值均大于零;

③ 由小到大, 从左到右标出与不等式对应的方程的根;

④ 从右上角起, "穿针引线";

⑤ 重根的处理, 依"奇穿偶不穿"原则;

⑥ 画出解集的示意区域, 从左到右写出解集 .

$$f(x)=(x-x_1)(x-x_2)\cdots(x-x_n).$$

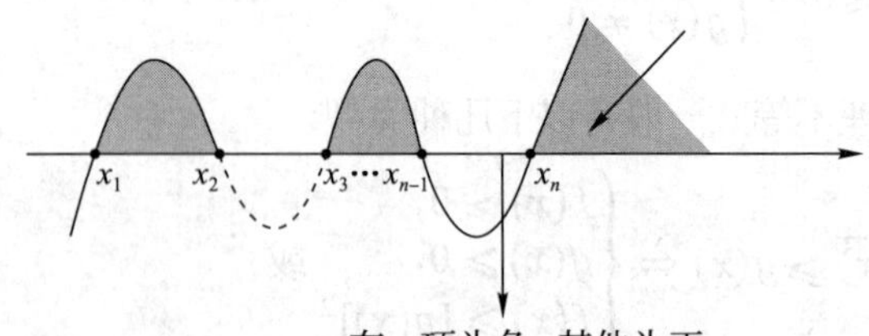

(4) 绝对值不等式的解法

· 分段讨论法 $|f(x)|=\begin{cases}f(x), & f(x)\geqslant 0,\\ -f(x), & f(x)<0.\end{cases}$

· 平方法 $[\,|f(x)|\,]^2=[f(x)]^2$

· 公式法 $|f(x)|<a(a>0)\Leftrightarrow -a<f(x)<a$;

$|f(x)|>a(a>0)\Leftrightarrow f(x)<-a$ 或 $f(x)>a$.

扩展: $|f(x)|<g(x)\Leftrightarrow -g(x)<f(x)<g(x)$ ($g(x)$ 为正) ;

$|f(x)|>g(x)\Leftrightarrow f(x)>g(x)$ 或 $f(x)<-g(x)$ ($g(x)$ 为正) .

· 图像法

如果画图比较容易, 可以画出图像来分析 .

(5) 指数与对数不等式的解法

· 当 $a>1$ 时，$a^{f(x)}>a^{g(x)}\Leftrightarrow f(x)>g(x)$；

当 $0<a<1$ 时，$a^{f(x)}>a^{g(x)}\Leftrightarrow f(x)<g(x)$.

· 当 $a>1$ 时，$\log_a f(x)>\log_a g(x)\Leftrightarrow\begin{cases}f(x)>0,\\g(x)>0,\\f(x)>g(x).\end{cases}$

当 $0<a<1$ 时，$\log_a f(x)>\log_a g(x)\Leftrightarrow\begin{cases}f(x)>0,\\g(x)>0,\\f(x)<g(x).\end{cases}$

5. 平均值

(1) 平均值定义

① 算术平均值

设有 n 个数 x_1，x_2，…，x_n，称 $\bar{x}=\dfrac{x_1+x_2+\cdots+x_n}{n}$ 为这 n 个数的算术平均值，简记为 $\bar{x}=\dfrac{1}{n}\sum\limits_{i=1}^{n}x_i$.

② 几何平均值

设有 n 个正数 x_1，x_2，…，x_n，称 $x_g=\sqrt[n]{x_1x_2\cdots x_n}$ 为这 n 个正数的几何平均值，简记为 $x_g=\sqrt[n]{\prod\limits_{i=1}^{n}x_i}$.

注意： 几何平均值是对于正数而言的 .

③ 基本定理

当 x_1，x_2，…，x_n 为 n 个正数时，它们的算术平均值不小于它们的几何平均值，即

$$\frac{x_1+x_2+\cdots+x_n}{n}\geqslant\sqrt[n]{x_1x_2\cdots x_n}(x_i>0,\ i=1,\ \cdots,\ n)$$

当且仅当 $x_1=x_2=\cdots=x_n$ 时，等号成立 .

注意： 平均值定理的本质是研究“和”与“积”的大小关系.即 $\frac{和}{n}\geqslant\sqrt[n]{积}$.

(2) 重要结论

① 任意实数成立

· 若 a，$b\in\mathbf{R}$, 则 $a^2+b^2\geqslant 2ab$（当且仅当 $a=b$ 时取“=”）.

· 若 a，$b\in\mathbf{R}$, 则 $ab\leqslant\frac{a^2+b^2}{2}$（当且仅当 $a=b$ 时取“=”）.

② 正实数成立

· 若 a，$b\in\mathbf{R}^+$, 则 $\frac{a^2+b^2}{2}\geqslant ab$（当且仅当 $a=b$ 时取“=”）.

· 若 a，$b\in\mathbf{R}^+$, 则 $a+b\geqslant 2\sqrt{ab}$（当且仅当 $a=b$ 时取“=”）.

· 若 a，$b\in\mathbf{R}^+$, 则 $ab\leqslant(\frac{a+b}{2})^2$（当且仅当 $a=b$ 时取“=”）.

③ 倒数情况

· 若 $x>0$, 则 $x+\frac{1}{x}\geqslant 2$（当且仅当 $x=1$ 时取“=”）

若 $x<0$, 则 $x+\frac{1}{x}\leqslant -2$（当且仅当 $x=-1$ 时取“=”）.

· 若 $x\neq 0$, 则 $|x+\frac{1}{x}|\geqslant 2$, 即 $x+\frac{1}{x}\geqslant 2$（当且仅当 $x=1$ 时取“=”）或 $x+\frac{1}{x}\leqslant -2$（当且仅当 $x=-1$ 时取“=”）

若 $ab\neq 0$, 则 $\left|\frac{a}{b}+\frac{b}{a}\right|\geqslant 2$, 即 $\frac{a}{b}+\frac{b}{a}\geqslant 2$（当且仅当 $a=b$

时取“=”）或 $\frac{a}{b}+\frac{b}{a}\leqslant -2$（当且仅当 $a=-b$ 时取“=”）.

④ 和与平方和

若 a，$b\in\mathbf{R}$，则 $\left(\frac{a+b}{2}\right)^2\leqslant\frac{a^2+b^2}{2}$（当且仅当 $a=b$ 时取“=”）.

(3) 应用及易错点

① 最值口诀

当两个正数的积为定值时，可以求它们的和的最小值；当两个正数的和为定值时，可以求它们的积的最大值.正所谓“积定和最小，和定积最大”.

② 最值条件

求最值的条件“一正，二定，三等”.

先验证给定函数是否满足最值三个条件：

· 各项均为正；

· 乘积（或者和）为定值；

· 等号能否取到；然后利用平均值定理求出最值.

③ 应用

平均值定理在求最值、比较大小、求变量的取值范围、证明不等式、解决实际问题方面有广泛的应用.

（五）数　列

※ 考纲考点

数列、等差数列、等比数列

高频考点

（1）等差数列、等比数列的概念、性质、通项公式、前 n 项和公式的应用是必考内容 .

（2）从 a_n 到 S_n 及从 S_n 到 a_n 的关系 .

（3）某些简单的递推式问题 .

（4）数列文字应用题 .

※ a_n 与 S_n 的关系

1. 已知 a_n，求 S_n

公式：$S_n = a_1 + a_2 + \cdots + a_n = \sum_{i=1}^{n} a_i$.

2. 已知 S_n，求 a_n

$$a_n = \begin{cases} S_1, & n = 1, \\ S_n - S_{n-1}, & n \geqslant 2. \end{cases}$$

※ 等差数列

1. 定义：$\{a_n\}$ 是等差数列 $\Leftrightarrow a_n - a_{n-1} = d$（常数）.

2. 等差数列的通项公式: $a_n = a_1 + (n-1)d$, $a_n = a_m + (n-m)d$.

扩展: 当公差 d 不为零时，可将其抽象成关于 n 的一次函数 $f(n) = d \cdot n + (a_1 - d)$，其斜率为公差 d，一次函数各项系数之和为首项，在 y 轴上的截距为（a_1-d），如通项公式为 $a_n = 3n - 5$ 的数列是一个等差数列，且公差是 3，首项为 –2.

3. 等差中项: 若 a, b, c 成等差数列, 则 b 是 a, c 的等差中项, 且 $b = \frac{a+c}{2}$.

4. 等差数列的前 n 项和

⑴ 已知首项, 末项, 项数则可用高斯求和: $S_n = \frac{n(a_1 + a_n)}{2}$;

⑵ 已知首项、公差、项数则可将 a_n 代换为 a_1 和 d 的形式:

$$S_n = n \cdot a_1 + \frac{n(n-1)}{2} d.$$

扩展: 当公差 d 不为 0 时，可将其抽象成关于 n 的二次函数 $f(n) = \frac{d}{2} n^2 + \left(a_1 - \frac{d}{2}\right) n$，$n \in \mathbf{N}^*$.

▲其特点:

① 常数项为零, 过零点;

② 开口方向由 d 的符号决定;

③ 二次项系数为半公差 $\frac{d}{2}$；

④ 对称轴 $x = \frac{1}{2} - \frac{a_1}{d}$（求最值）;

⑤ 若 d 不为零, 等差数列的前 n 项和只能为二次函数形式;

若 d 等于零，则退化成一次函数形式．

二次函数各项系数之和是首项．

注意： 等差数列的前 n 项和的表达式是不含常数项的二次函数．如 $S_n=3n^2-5n$，可以肯定，S_n 是等差数列的前 n 项之和的表达式，这一等差数列的公差是 6，首项为 -2.

如果 S_n 是一个含有常数项的二次函数，则常数项被加在首项，其余各项不变，所以从第二项以后的各项依然构成等差数列，其特点仍符合上述规律．

如：$S_n=2n^2-3n+4$，$a_1=S_1=3$，数列自第二项起为等差数列，公差为 4，即 $S_n=2n^2-3n+4$ 所形成的数列为：3，3，7，11，15，19，⋯．

归纳总结：

若 $S_n=an^2-bn+c$，则

$$a_n=\begin{cases}a-b+c, n=1,\\ 2an-b-a, n\geqslant 2.\end{cases}$$

当 c 为 0 时，是等差数列，此时可以合写为

$a_n=2an-b-a$.

(3) 若已知一组等差数列数据的中位数的值，则可用 $n\cdot a_{\frac{n+1}{2}}$.

5. 等差数列的常用结论

(1) 常数列 c_1, c_2, ⋯, c_n 是公差 $d=0$ 的等差数列．

(2) 若$\{a_n\}$是等差数列，如果 $m+n=s+t$，则有 $a_m+a_n=a_s+a_t$.

(3) 若 S_n 是等差数列$\{a_n\}$的前 n 项和，则 S_n, $S_{2n}-S_n$, $S_{3n}-S_{2n}$, ..., 仍成为等差数列，公差为 n^2d，且 $S_{3n}=3(S_{2n}-S_n)$.

(4) 若等差数列$\{a_n\}$与$\{b_n\}$的前 n 项和分别为 S_n、T_n，则 $\frac{a_n}{b_n}=\frac{S_{2n-1}}{T_{2n-1}}$.

※ 等比数列

1. 定义: $\{a_n\}$是等比数列$\Leftrightarrow \frac{a_{n+1}}{a_n}=q$ (常数).

2. 等比数列的通项公式: $a_n=a_1\cdot q^{n-1}$, $a_n=a_m\cdot q^{n-m}$.

3. 等比中项: 若 a、b、c 成等比数列，则有 $b^2=ac$ 或 $b=\pm\sqrt{ac}$，其中 b 是 a、c 的等比中项.

注意: 若 $b^2=ac$，则不能得出 a、b、c 成等比数列.

(取 $a=b=0$ 满足条件，但 a、b、c 不是等比数列，因为等比数列中a_n和 $q\neq 0$)

4. 等比数列的前 n 项和: $S_n=\frac{a_1(1-q^n)}{1-q}(q\neq 1)$.

陷阱: 非零常数列 c_1，c_2，…，c_n 是公比 $q=1$ 的等比数列，其 $S_n=nc_1$.

5. 等比数列的常用结论

(1) 若$\{a_n\}$是等比数列，如果 $m+n=s+t$，则有 $a_m\cdot a_n=a_s\cdot a_t$.

(2) 若 S_n 是等比数列$\{a_n\}$的前 n 项和，则 S_n，$S_{2n}-S_n$，$S_{3n}-S_{2n}$，…，仍成等比数列，公比为 q^n.

(3) 无穷等比数列$\{a_n\}$的公比为 q，若 $0<|q|<1$，则该数列的各项和 $S=\frac{a_1}{1-q}$.

(六)平 面 几 何

※ 考纲考点

平面图形

(1) 三角形

(2) 四边形 (平行四边形、梯形)

(3) 圆与扇形

(4) 正多边形

高频考点

求各种图形的面积;

求线段的长度;

三角形形状的判定 .

※ 三角形

1. 三角形的角

内角之和为 180°, 外角等于不相邻的两个内角之和 . 大边对大角, 小边对小角, 等边对等角 .

2. 三边关系

任意两边之和大于第三边, 即 $a+b>c$; 任意两边之差小于第三边, 即 $a-b<c$.

3. 面积公式

(1) $S=\frac{1}{2}ah=\sqrt{p(p-a)(p-b)(p-c)}=\frac{1}{2}ab\sin C$, $p=\frac{1}{2}(a+b+c)$.

其中, h 是 a 边上的高 ,C 是 a, b 边所夹的角, p 是三角形的半周长 .

(2) 鸟头定理

两个三角形中有一个角相等或互补，这两个三角形叫作共角三角形. 共角三角形的面积比等于对应角（相等角或互补角）两夹边的乘积之比.

如图，在△ABC和△ADE中，∠BAC和∠DAE的正弦值相同，所以.

$S_{\triangle ABC}$：$S_{\triangle ADE}$=（$AB\times AC$）：（$AD\times AE$）

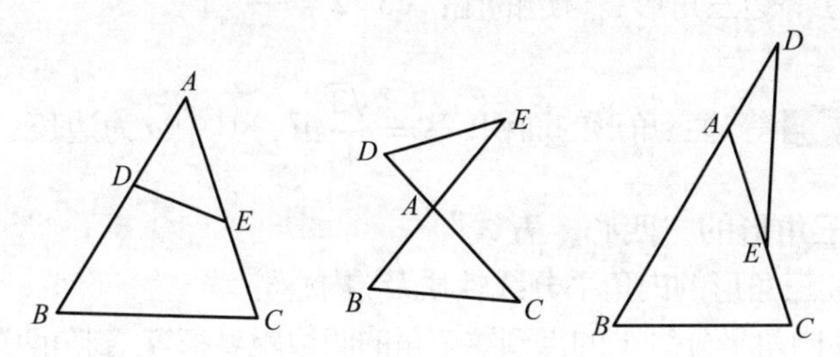

(3) 燕尾定理

在三角形 ABC 中，AD，BE，CF 相交于同一点 O，那么 $S_{\triangle ABO}:S_{\triangle ACO}=BD:DC$.

上述定理给出了一个新的转化面积比与线段比的手段，因为△ABO 和△ACO 的形状很像燕子的尾巴，所以这个定理被称为燕尾定理. 该定理在许多几何题目中都有着广泛的运用，它的特殊性在于，它可以存在于任何一个三角形之中，为三角形中的三角形面积与对应底边之间提供互相联系的途径.

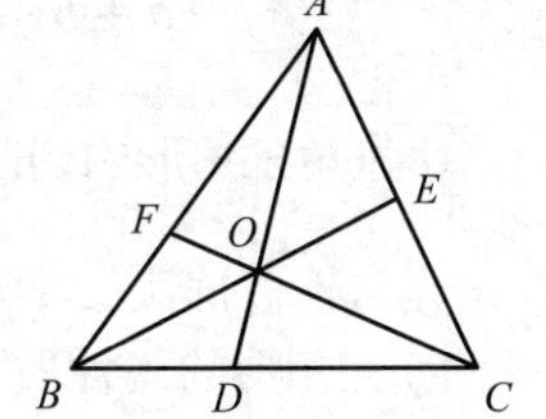

4. 特殊三角形（直角、等腰、等边）

(1) 直角三角形

勾股定理：$a^2+b^2=c^2$.

常用的勾股数：(3,4,5);(6,8,10);(5,12,13);(7,24,25);(8,15,17);(9,12,15).

等腰直角三角形的三边之比：$1:1:\sqrt{2}$.

内角为30°，60°，90°的三边之比：$1:\sqrt{3}:2$.

(2) 等边三角形高与边的比：$\sqrt{3}:2=\frac{\sqrt{3}}{2}:1$.

注意： 等边三角形的面积：$S=\frac{\sqrt{3}}{4}a^2$，其中 a 为边长 .

5. 三角形的"四心、五线"

(1) 三角形的内角平分线性质及"内心".

① 内角平分线上的点到这个角的两边距离相等, 到角两边距离相等的点在这个内角平分线上 .

② 三角形中三条内角平分线交于一点, 叫内心, 内心到三边距离相等 .

③ 若 S 为三角形的面积, r 为内切圆半径, 则对于任意三角形都有 $r=\frac{2S}{a+b+c}$.

④ 直角三角形内切圆半径为 $\frac{a+b-c}{2}$, 其中 a, b 为两条直角边, c 为斜边 .

(2) 三角形的线性质及"重心"

① 三角形的三条中线交于一点, 叫重心, 重心将中线分为 2 : 1 的两部分 .

② 中线将三角形分成面积相等的 2 个三角形 .

③ 重心与三角形顶点的连线将三角形分为面积相等的 3 个

三角形.

④ 直角三角形斜边的中线为斜边的一半.

⑤ 重心的坐标为$(\frac{x_A+x_B+x_C}{3}, \frac{y_A+y_B+y_C}{3})$.

⑥ 重心到三角形3个顶点距离的平方和最小.

⑦ 重心是三角形内到三边距离之积最大的点.

⑧ 中线定理:

对任意△ABC，设I是线段BC的中点,

AI为中线，则有如下关系:

$AB^2+AC^2=2BI^2+2AI^2$

或

$AB^2+AC^2=\frac{1}{2}BC^2+2AI^2$.

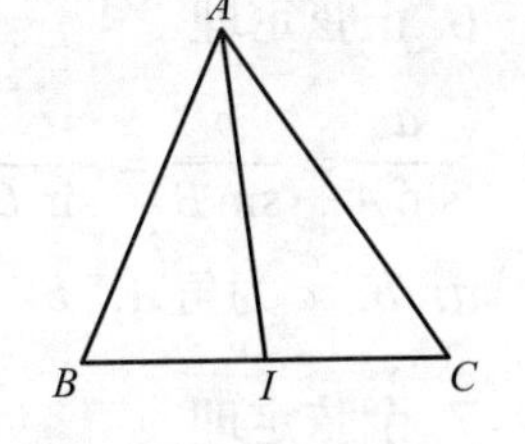

(3) 垂直平分线性质及“外心”

① 垂直平分线垂直且平分所在线段.

② 垂直平分线上任意一点到两端点的距离相等.

③ 三角形的三条垂直平分线相交于一点, 该点叫外心, 外心到三个顶点的距离相等.

④ 对于直角三角形, 外心在斜边的中点, 外接圆半径等于斜边的一半.

(4) 高及“垂心”

三角形的三条高的交点为垂心，垂心不作为常规考点考查.

(5) 中位线

① 连接三角形任意两边的中点为中位线, 中位线平行于对应底边且等于对应底边长的一半.

② 三角形中共有三条中位线，三条中位线重新组成了一个三角形，其周长为原三角形的一半．

③ 三条中位线将原三角形分割成四个面积相等的三角形．

④ 三角形的中线和它相交的中位线互相平分．

⑤ 三角形中任意两条中位线的夹角与这夹角所对的三角形的顶角相等．

（6）等边三角形四心合一．

6. 正弦定理

$$\frac{a}{\sin A}=\frac{b}{\sin B}=\frac{c}{\sin C}=2R$$

a，b，c 为角 A，B，C 对应的边长，R 为外接圆半径．

7. 余弦定理

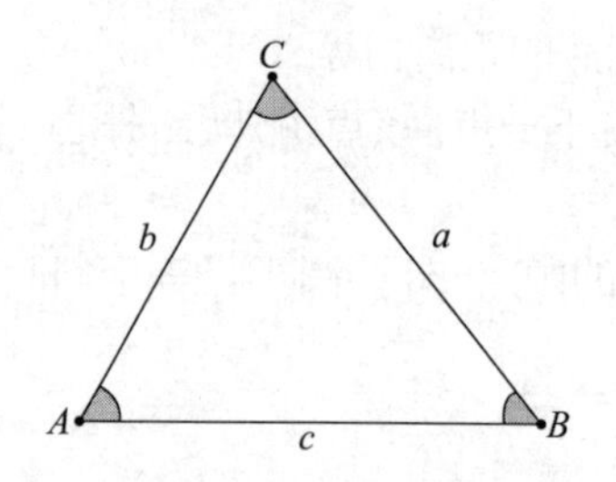

$c^2=a^2+b^2-2ab\cos C$

$b^2=a^2+c^2-2ac\cos B$

$a^2=b^2+c^2-2bc\cos A$

※ 四边形

1. 四边形的分类和关系

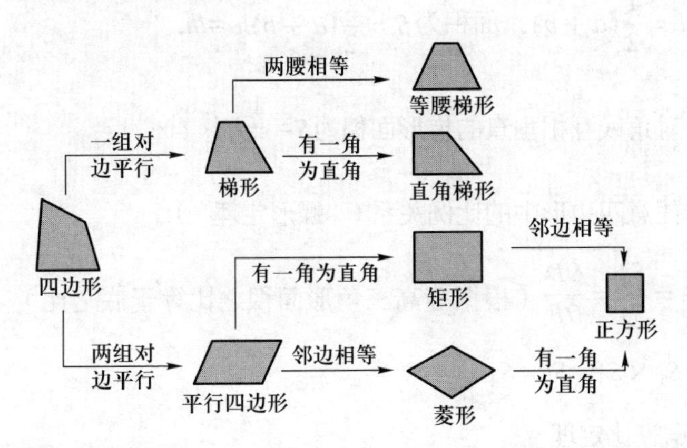

2. 特殊四边形

（1）平行四边形

平行四边形两边长是 a,b ，以 b 为底边的高为h，面积为 $S=bh$，周长 $C=2(a+b)$.

（2）矩形

矩形两边长为a,b，面积为$S=ab$，周长 $C=2(a+b)$，对角线 $l=\sqrt{a^2+b^2}$.

（3）菱形

菱形边长均为a，以a为底边的高为h，面积为$S=ah=\frac{1}{2}l_1l_2$ ，其中l_1，l_2分别为两条对角线的长，周长为$C=4a$.

（4）梯形

① 梯形的面积．上底为a，下底为b，高为h的梯形，中位线为$l=\frac{1}{2}(a+b)$，面积为$S=\frac{1}{2}(a+b)h=lh$.

② 对角线互相垂直的梯形面积为$S=\frac{1}{2}l_1l_2$.

③ 任意四边形中的比例关系（“蝶形定理”）:

$\frac{S_1}{S_2}=\frac{S_4}{S_3}=\frac{OD}{OB}$（根据等高三角形面积之比等于底之比），从而 $S_1\times S_3=S_2\times S_4$.

根据等比定理

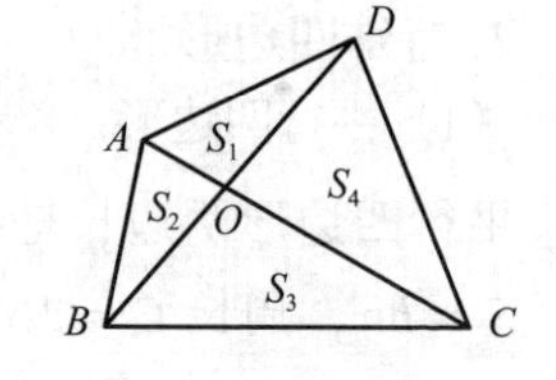

$$\frac{S_1}{S_2}=\frac{S_4}{S_3}=\frac{OD}{OB}=\frac{S_1+S_4}{S_2+S_3}$$

同理：$\frac{S_1+S_2}{S_4+S_3}=\frac{AO}{OC}$.

④ 梯形的蝶形定理及相似比例

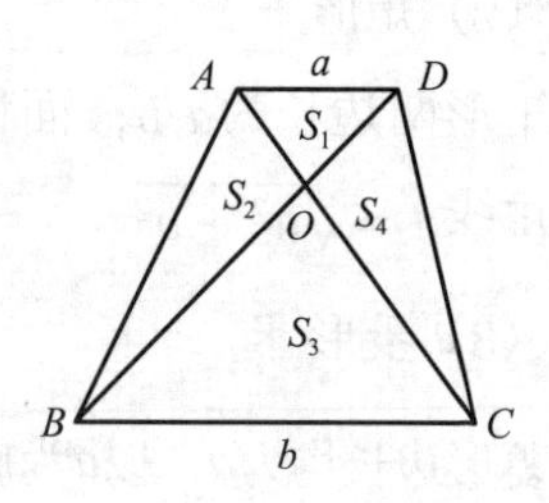

$$\frac{S_1}{S_2}=\frac{S_4}{S_3}=\frac{OD}{OB}=\frac{a}{b} .$$

$$S_1\times S_3=S_2\times S_4 .$$

$$\frac{S_1}{S_3}=\frac{a^2}{b^2}$$.（相似）

$S_2+S_3=S_4+S_3 \Rightarrow S_2=S_4$.

综合以上四个, 统一比例得到:

$S_1:S_3:S_2:S_4=a^2:b^2:ab:ab$

⑤ 特殊梯形：等腰梯形与直角梯形重点掌握 .

※ 圆

1. 角的弧度

把圆弧长度和半径的比值称为对一个圆周角的弧度 . 度与弧度的换算关系：1 弧度 $=\frac{180^\circ}{\pi}$，$1^\circ=\frac{\pi}{180}$ 弧度 .

几个常用角的弧度值:

$360^\circ=2\pi$，$180^\circ=\pi$，$90^\circ=\frac{\pi}{2}$，$60^\circ=\frac{\pi}{3}$，$45^\circ=\frac{\pi}{4}$，$30^\circ=\frac{\pi}{6}$.

2. 圆

（1）圆的周长及面积：半径为r , 则周长为$C=2\pi r=\pi d$, 面积是$S=\pi r^2=\frac{\pi d^2}{4}$.

在同圆或等圆中，相等的圆心角所对的弧相等，所对的弦相等，所对的弦的弦心距相等 .

推论: 在同圆或等圆中，如果两个圆心角、两条弦或两条弦的弦心距中有一组量相等，那么它们所对应的其余各组量都分别相等 .

（2）弧、弦、弦心距、圆心角、圆周角之间的关系定理 .

（3）在同圆或等圆中，同一段弧对应的圆周角为圆心角的一半．

3. 扇形

（1）扇形弧长

$$l = r\theta = \frac{\alpha}{360^\circ} \times 2\pi r,$$

其中，θ 为扇形角的弧度数，α 为扇形角的角度，r 为扇形半径．

（2）扇形面积

$$S = \frac{\alpha}{360^\circ} \times \pi r^2 = \frac{1}{2} lr,$$

其中 α 为扇形角的角度，r 为扇形半径，l 为扇形弧长．

（3）弓形面积

弓形一般不要求求周长，主要求面积．一般来说，弓形面积＝扇形面积－三角形面积．（半圆除外）

（4）"弯角"面积

如 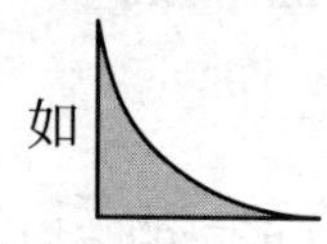 "弯角"的面积＝正方形面积－扇形面积．

（5）"谷子"面积

如 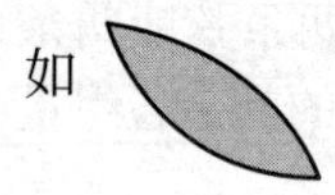 "谷子"的面积＝弓形面积 ×2.

※ 正多边形

一般多边形的内角和（凸多边形）：$(n-2)\cdot 180^\circ$，其中 n 为多边形的边数 .

一般多边形的面积计算：连接各顶点和多边形中心，分解为 n 个三角形，有 $S_{多}=\sum_{i=1}^{n} S_i$ $S_1, \cdots$，S_n 为分解成的 n 个三角形的面积 .

注意： 2012、2019 年真题中出现过正六边形 .

(七)解 析 几 何

※ 考纲考点

平面解析几何

（1）平面直角坐标系

（2）直线方程与圆的方程

（3）两点间距离公式与点到直线的距离公式

高频考点

（1）图形对称及应用

（2）图形的位置关系

（3）解析几何中的最值问题

※ 平面直角坐标系

1. 点

点在平面直角坐标系中的表示：$P(x, y)$.

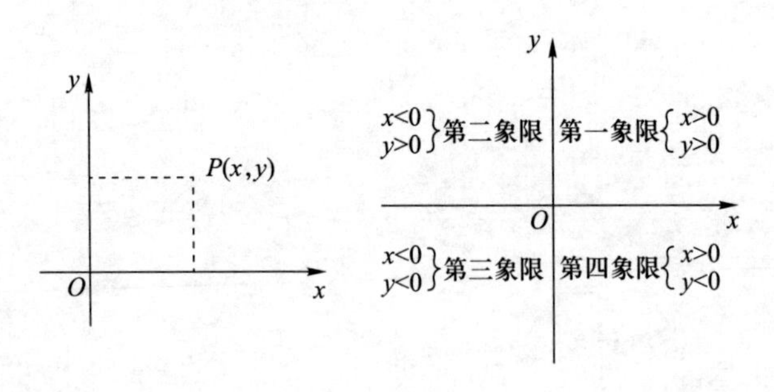

2. 两个重要的公式

（1）两点$A(x_1,y_1)$与$B(x_2,y_2)$之间的距离：

$d=\sqrt{(x_2-x_1)^2+(y_2-y_1)^2}$.

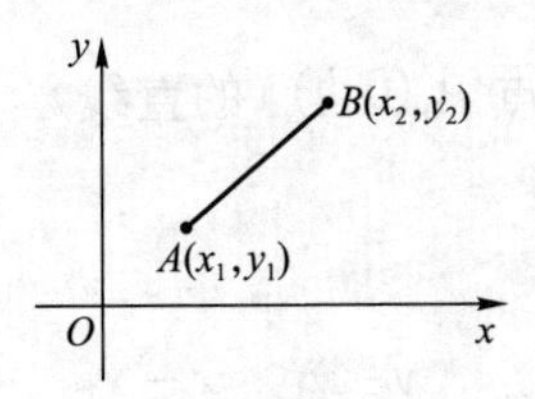

（2）中点坐标公式：两点$A(x_1,y_1)$与$B(x_2,y_2)$的中点坐标为$\left(\frac{x_1+x_2}{2},\frac{y_1+y_2}{2}\right)$.

※ 平面直线

1. 直线的倾斜角和斜率

（1）倾斜角

直线与 x 轴正方向所成的夹角称为倾斜角，记为 α . 其中要求$\alpha\in[0,\pi)$.

（2）斜率

倾斜角 α 的正切值为斜率，记为$k=\tan\alpha$，$\alpha\neq\frac{\pi}{2}$.

（3）两点斜率公式

设直线 l 上有两个点 $P_1(x_1,y_1)$， $P_2(x_2,y_2)$，则斜率 $k=\frac{y_2-y_1}{x_2-x_1},x_1\neq x_2$.

2. 直线方程的几种形式

（1）点斜式

过点 $P(x_0, y_0)$, 斜率为k的直线方程为 $y - y_0 = k(x - x_0)$.

（2）斜截式

斜率为k，在 y 轴上的截距为 b(即过点 $P_0(0, b)$) 的直线方程为$y = kx + b$.

（3）两点式

过两个点 $P_1(x_1, y_1)$, $P_2(x_2, y_2)$的直线方程为$\frac{y - y_1}{y_2 - y_1} = \frac{x - x_1}{x_2 - x_1}$,
其中 $x_1 \neq x_2$, $y_1 \neq y_2$.

（4）截距式

在 x 轴上的截距为 a(即过点$P_1(a, 0)$), 在 y 轴上的截距为 b(即过点 $P_0(0, b)$) 的直线方程为 $\frac{x}{a} + \frac{y}{b} = 1$，其中 $a \neq 0$, $b \neq 0$.

（5）一般式 $ax + by + c = 0$，其中，a，b 不全为零 .

陷阱： 直线斜率 $k = -\frac{a}{b}$，x 轴截距为$-\frac{c}{a}$，y 轴截距为$-\frac{c}{b}$.

3. 点到直线的距离

点(x_0, y_0)到直线 $ax + by + c = 0$ 的距离$d = \frac{|ax_0 + by_0 + c|}{\sqrt{a^2 + b^2}}$.

4. 两条平行直线之间的距离

直线 $ax + by + c_1 = 0$ 与直线 $ax + by + c_2 = 0$ 的距离

$$d=\frac{|c_1-c_2|}{\sqrt{a^2+b^2}}.$$

5. 两条直线的位置关系

	斜截式 $l_1: y=k_1x+b_1$; $l_2: y=k_2x+b_2$	一般式 $l_1: a_1x+b_1y+c_1=0$; $l_2: a_2x+b_2y+c_2=0$
平行	$l_1 // l_2 \Leftrightarrow \begin{cases} k_1=k_2, \\ b_1\neq b_2 \end{cases}$	$l_1 // l_2 \Leftrightarrow \frac{a_1}{a_2}=\frac{b_1}{b_2}\neq\frac{c_1}{c_2}$
相交	$k_1\neq k_2$	$\frac{a_1}{a_2}\neq\frac{b_1}{b_2}$
垂直	$l_1\perp l_2 \Leftrightarrow k_1\cdot k_2=-1$	$l_1\perp l_2 \Leftrightarrow \frac{a_1}{b_1}\cdot\frac{a_2}{b_2}=-1$ $\Leftrightarrow a_1a_2+b_1b_2=0$

※ 圆

圆的方程

（1）标准方程

当圆心为(x_0,y_0)，半径为r时，圆的标准方程为$(x-x_0)^2+$

$(y-y_0)^2=r^2$.特别地，当圆心在原点时，圆的标准方程为 $x^2+y^2=r^2$.

· 一般方程：$x^2+y^2+ax+by+c=0$

配方后得 $\left(x+\frac{a}{2}\right)^2+\left(y+\frac{b}{2}\right)^2=\frac{a^2+b^2-4c}{4}$,

要求 $a^2+b^2-4c>0$.

（2）点与圆的关系

点 $P(x_p, y_p)$，圆 $(x-x_0)^2+(y-y_0)^2=r^2$

点代入方程：$(x_p-x_0)^2+(y_p-y_0)^2\begin{cases}<r^2, & \text{点在圆内,}\\ =r^2, & \text{点在圆上,}\\ >r^2, & \text{点在圆外.}\end{cases}$

（3）直线与圆的位置关系

直线 l：$y=kx+b$；

圆 O：$(x-x_0)^2+(y-y_0)^2=r^2$，d 为圆心 (x_0,y_0) 到直线 l 的距离 .

直线与圆位置关系	图形	成立条件（几何表示）
相离	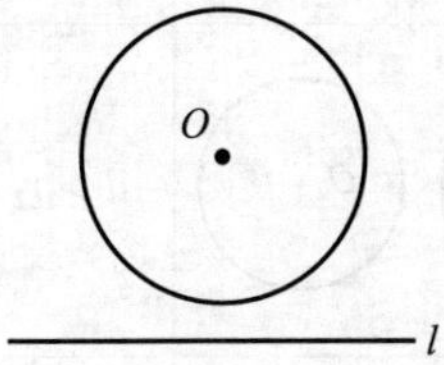	$d>r$
相切	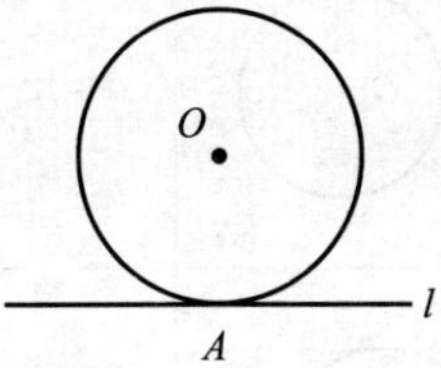	$d=r$
相交	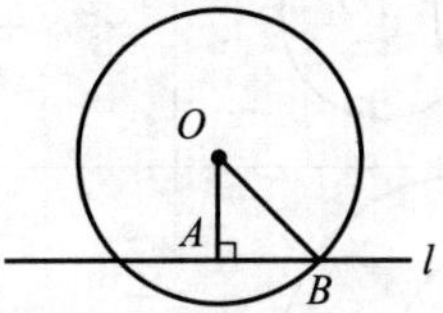	$d<r$

（4）圆与圆的关系

圆 $O_1:(x-x_1)^2+(y-y_1)^2=r_1^2$；

圆 O_2：$(x-x_2)^2+(y-y_2)^2=r_2^2$（不妨设$r_1>r_2$）；

d为圆心(x_1,y_1)与(x_2,y_2)的圆心距．

两圆位置关系	图形	成立条件（几何表示）	内公共切线条数	外公共切线条数
外离	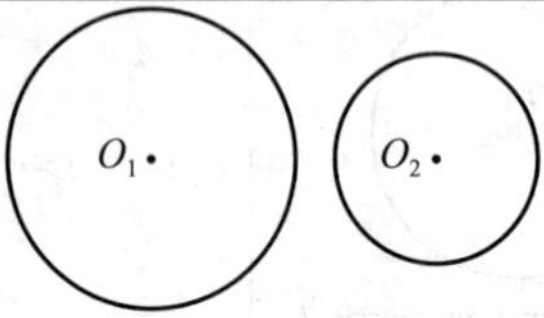 O_1 O_2	$d > r_1 + r_2$	2	2
外切	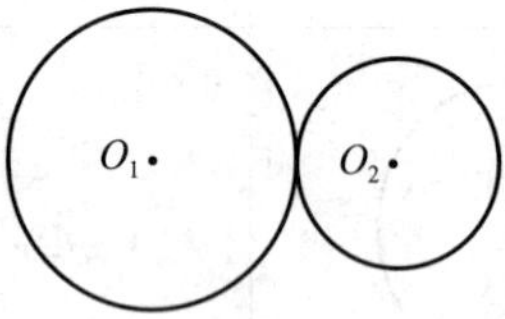 O_1 O_2	$d = r_1 + r_2$	1	2
相交	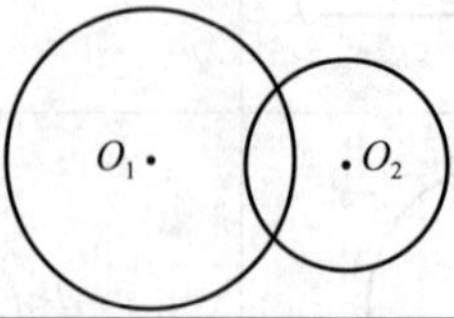 O_1 O_2	$r_1 - r_2 < d < r_1 + r_2$	0	2
内切	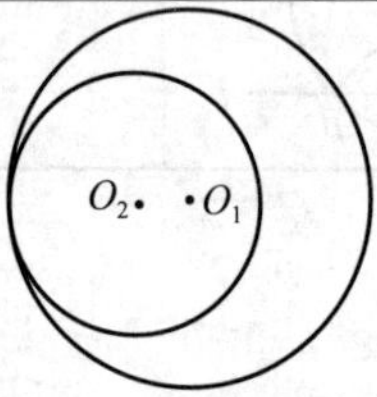 O_2 O_1	$d = r_1 - r_2$	0	1
内含	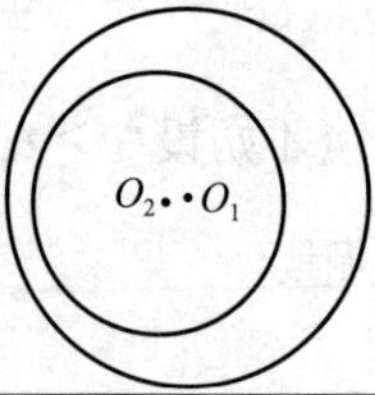 O_2 O_1	$d < r_1 - r_2$	0	0

（八）空间几何体

※ 考纲考点

空间几何体

（1）长方体

（2）柱体

（3）球体

高频考点

（1）表面积与体积的求解

（2）表面积与体积的应用

（3）与水相关的体积

※ 长方体

设长方体内三条相邻的棱长是a,b,c .

1. 全面积：$F = 2(ab + bc + ac)$.

2. 体积：$V = abc$.

3. 体对角线：$d = \sqrt{a^2 + b^2 + c^2}$.

4. 所有棱长和：$l = 4(a + b + c)$.

当 $a=b=c$ 时的长方体称为正方体，且有

$S_{全} = 6a^2, V = a^3, d = \sqrt{3}a$.

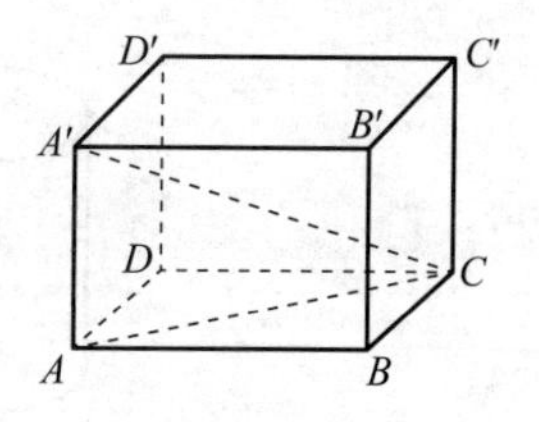

※ 柱体

1. 柱体的分类

圆柱：底面为圆的柱体称为圆柱.

棱柱：底面为多边形的柱体称为棱柱，底面为 n 边形的就称为 n 棱柱.

2. 柱体的一般公式

无论是圆柱还是棱柱，侧面展开图均为矩形，其中一边长为底面的周长，另一边为柱体的高.

侧面积：$S=$ 底面周长 × 高（展开矩形的面积）.

体积：$V=$ 底面积 × 高.

3. 对于圆柱的公式

设高为 h，底面半径为 r.

体积：$V=\pi r^2h$.

侧面积：$S_{侧}=2\pi rh$.（其侧面展开图为一个长为 $2\pi r$，宽为 h 的长方形）

全面积：$F=S_{侧}+2S_{底}=2\pi rh+2\pi r^2$.

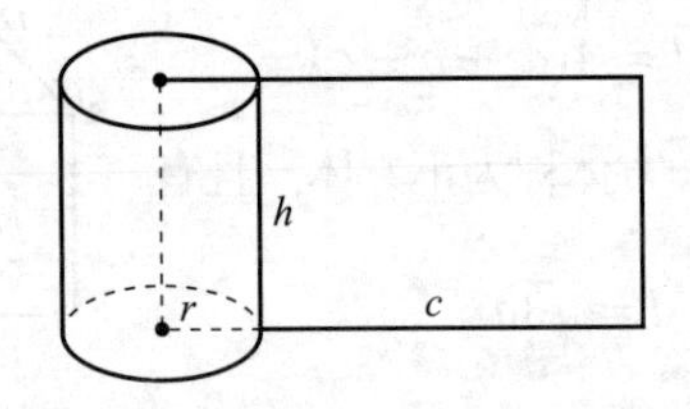

※ 球

设球的半径为 r .

1. 球的表面积 $S = 4\pi r^2$.

2. 球的体积 $V = \frac{4}{3}\pi r^3$.

3. 内切球和外接球

（1）内切球

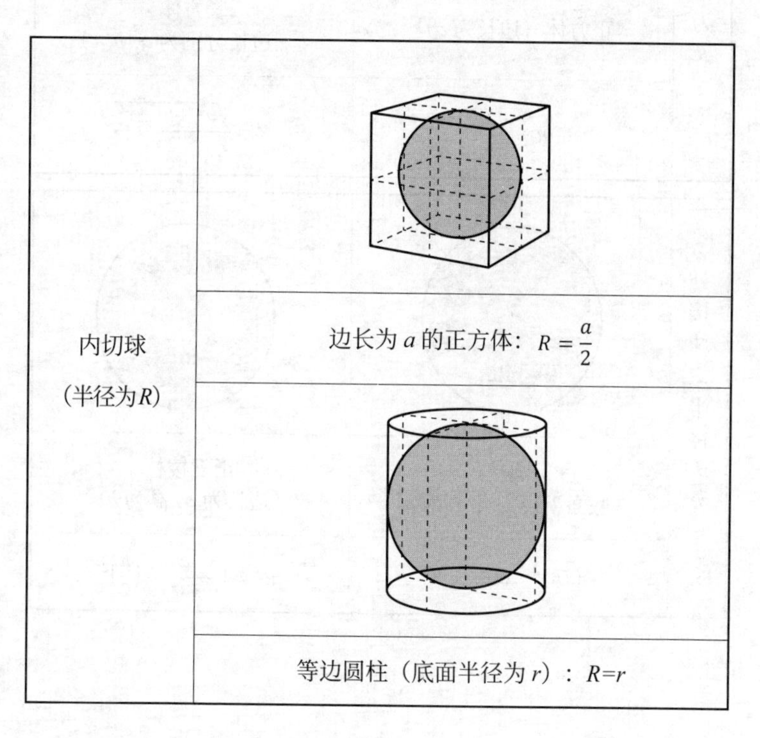

内切球（半径为R）	
	边长为 a 的正方体：$R = \frac{a}{2}$
	等边圆柱（底面半径为 r）：$R=r$

（2）外接球

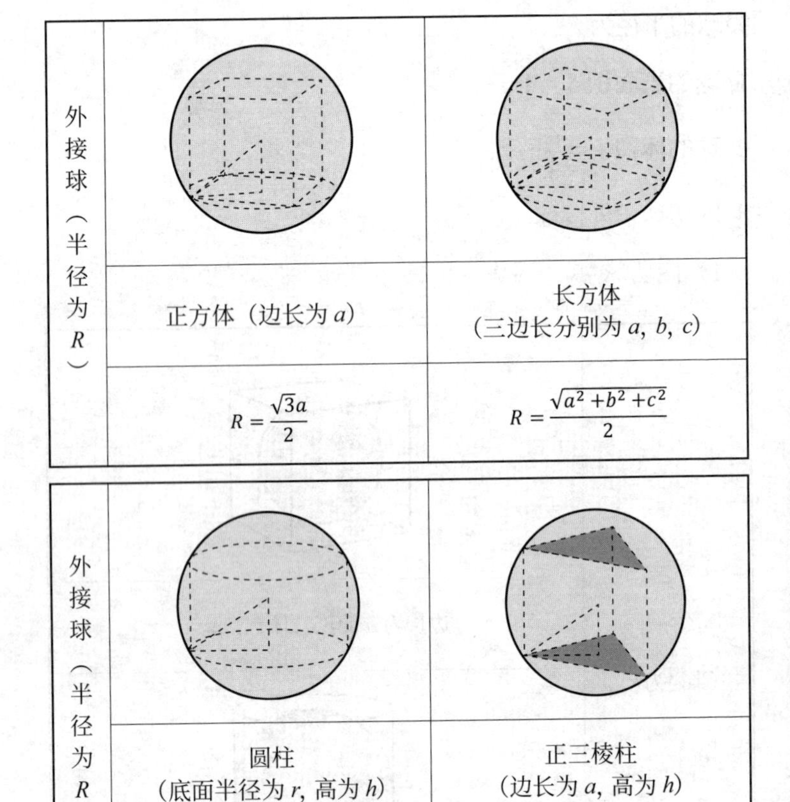

外接球（半径为 R）	正方体（边长为 a）	长方体（三边长分别为 a, b, c）
	$R=\dfrac{\sqrt{3}a}{2}$	$R=\dfrac{\sqrt{a^2+b^2+c^2}}{2}$

外接球（半径为 R）	圆柱（底面半径为 r，高为 h）	正三棱柱（边长为 a，高为 h）
	$(2R)^2=(2r)^2+h^2$	$R^2=\left(\dfrac{\sqrt{3}a}{3}\right)^2+\left(\dfrac{h}{2}\right)^2$

（九）计数原理与排列组合

※ 考纲考点

1. 计数原理

加法原理、乘法原理

2. 排列组合

（1）排列与排列数

（2）组合与组合数

高频考点

（1）加法原理、乘法原理；

（2）分组、分配 .

※ 两大原理

1. 加法原理

做一件事，完成它有 n 类办法，在第一类办法中有 m_1 种不同的方法，在第二类办法中有 m_2 种不同的方法，…在第 n 类办法中有 m_n 种不同的方法，那么完成这件事共有 $N = m_1 + m_2 + \cdots + m_n$（种）不同的方法 .

2. 乘法原理

做一件事，完成它需要分成 n 个步骤，做第一步有 m_1 种不同的方法，做第二步有 m_2 种不同的方法，…做第 n 步有 m_n 种不同的方法，那么完成这件事共有 $N = m_1 \cdot m_2 \cdot \cdots \cdot m_n$（种）不同的方法 .

※ 排列与组合的定义

1. 排列的定义

从n个不同的元素中，任取m个元素($m \leqslant n$)，按照一定的顺序排列成一列，称为从n个元素中取出m个元素的一个排列．

所有这些排列的个数，称为排列数，记为P_n^m或A_n^m．

当$m=n$时，即n个不同的元素全部取出的排列数，称为n个元素的全排列，记为P_n^n或A_n^n．也叫n的阶乘，用n！表示．

2. 组合的定义

从n个不同元素中，任取$m(m \leqslant n)$个元素并成的一组，叫作从n个不同元素中任取m个元素的一个组合．

从n个不同元素中任取$m(m \leqslant n)$个元素的所有组合的总数，叫作从n个不同元素中任取m个元素的组合数，用符号C_n^m表示．

※ 排列与组合的计算公式

1. 重要公式

（1）P_n^m或$A_n^m = n(n-1)(n-2)\cdots(n-m+1)$

（2）P_n^m或$A_n^m = n! = n \times \cdots \times 3 \times 2 \times 1$．

（3）$C_n^m = \dfrac{n!}{m!(n-m)!} = \dfrac{P_n^m}{m!}$．

注意： 排列可以看成先选取后全排序

$P_n^m = C_n^m \times m!$．

（4）$C_n^m = C_n^{n-m}$.

2. 规定

（1）$0! = 1$，$1! = 1$.

（2）$C_n^0 = C_n^n = 1$.

※ 二项式定理

1. 二项式定理

$$(a+b)^n = \underbrace{C_n^0 a^n b^0 + C_n^1 a^{n-1} b^1 + \cdots + C_n^{n-1} a^1 b^{n-1} + C_n^n a^0 b^n}_{\text{共}n+1\text{项}}$$

2. 展开式的特征

通项公式第 $r+1$ 项为：$T_{r+1} = C_n^r a^{n-r} b^r$.

3. 展开式与二项式系数之间的关系：

（1）$C_n^r = C_n^{n-r}$（首末等距的两项系数相等）；

（2）$C_n^0 + C_n^1 + C_n^2 + \cdots + C_n^{n-1} + C_n^n = 2^n$展开式的各项二项式系数和为$2^n$（证明：令$a = b = 1$，可得到结论）；

（3）$C_n^0 + C_n^2 + C_n^4 + \cdots = C_n^1 + C_n^3 + C_n^5 + \cdots = 2^{n-1}$

（展开式中奇数项二项式系数和等于偶数项二项式系数和）.

(十) 概 率 初 步

※ 考纲考点

1. 事件及其简单运算

2. 加法公式

3. 乘法公式

4. 古典概型

5. 伯努利概型

高频考点

（1）古典概率的计算；

（2）独立事件的概率计算；

（3）伯努利公式的使用 .

※ 古典概率

在古典概率中，设样本空间 Ω 是由 n 个不同的基本事件组成，事件 A 中包含 m 个不同的基本事件，则 $P(A)=\dfrac{m}{n}$.

1. 互斥事件

（1）事件 A 和事件 B 不可能同时发生，则称事件 A 和事件 B 为互斥事件 .

（2）事件 A 与事件 B 至少有一个发生的事件叫作事件 A 与事件 B 的和，记作 $A\cup B$ 或者 $A+B$. 如果事件 A 与事件 B 互斥，则有 $P(A+B)=P(A)+P(B)$.

2. 对立事件

必有一个发生的两个互斥事件叫作对立事件．

一个事件 A 的对立事件记作$\overline{A}$，则 $P(\overline{A})=1-P(A)$ ．

※ 相互独立事件同时发生的概率

1. 独立事件定义

事件 A（或事件 B）是否发生对事件 B（或事件 A）发生的概率没有影响，这样的两个事件叫作相互独立事件．

2. 独立事件基本公式

事件 A 与事件 B 同时发生的事件叫作事件 A 与事件 B 的积，记作 AB 或 $A\cap B$，若有事件 A，B 相互独立，则有：$P(AB)=P(A)\cdot P(B)$．

3. 独立事件常用结论

（1）如果事件 $A_1,A_2,\cdots,A_n$ 相互独立，那么这 n 个事件同时发生的概率，等于每个事件发生的概率的积，$P(A_1\cdot A_2\cdot\cdots\cdot A_n)=P(A_1)\cdot P(A_2)\cdot\cdots\cdot P(A_n)$．

（2）如果事件 $A_1,A_2,\cdots,A_n$ 相互独立，那么这 n 个事件都不发生的概率，等于每个事件不发生的概率的积，$P(\overline{A_1}\cdot\overline{A_2}\cdot\cdots\cdot\overline{A_n})=P(\overline{A_1})\cdot P(\overline{A_2})\cdot\cdots\cdot P(\overline{A_n})$．

（3）如果事件$A_1,A_2,\cdots,A_n$相互独立，那么这n个事件至少有一个发生的概率，可以从其反面求解：等于 1 减每个事件都不发生的概率的积，即$P(A_1+A_2+\cdots+A_n)=1-P(\overline{A_1})\cdot P(\overline{A_2})\cdot\cdots\cdot P(\overline{A_n})$．

※ 伯努利公式

1. 伯努利公式定义

如果在一次试验中某事件发生的概率是 p, 那么在 n 次独立重复试验中这个事恰好发生 k 次的概率：$P_n(k)=\mathrm{C}_n^k p^k q^{n-k}$, $(k=0,1,2,\cdots,n)$, 其中 $q=1-p$.

2. 特殊情况

（1）$k=n$ 时，即在 n 次独立重复试验中事件 A 全部发生，概率为 $P_n(n)=\mathrm{C}_n^n p^n(1-p)^0=p^n$.

（2）$k=0$ 时，即在 n 次独立重复试验中事件 A 没有发生，概率为 $P_n(0)=\mathrm{C}_n^0 p^0(1-p)^n=(1-p)^n$.

（3）做 n 次伯努利试验，直到第 n 次，才成功 k 次的概率：$P=\mathrm{C}_{n-1}^{k-1}\cdot p^{k-1}\cdot(1-p)^{n-k}\cdot p$.

（4）在独立试验序列中，直到第 k 次试验事件 A 才发生的概率：$P_k=q^{k-1}\cdot p$.

(十一) 数 据 描 述

※ 考纲考点

1. 数据描述

（1）平均值

（2）方差与标准差

（3）数据的图表表示

2. 直方图、饼图、数表

高频考点

（1）平均值和方差的计算；

（2）方差的大小及含义；

（3）常见图表的含义

※ 平均数

设n个数$x_1, x_2, \cdots, x_n$，称

$$\bar{x}=\frac{x_1+x_2+\cdots+x_n}{n}$$为这n个数的平均数.

※ 方差

1. 基本公式

方差：$S^2=\frac{1}{n}[(x_1-\bar{x})^2+(x_2-\bar{x})^2+\cdots+(x_n-\bar{x})^2]$.

求一组数据的方差可以简记为:“先平均, 再求差, 然后平方,

最后再平均 .”

2. 扩展公式

$$S^2=\frac{1}{n}[(x_1-\bar{x})^2+(x_2-\bar{x})^2+\cdots+(x_n-\bar{x})^2]$$

$$=\frac{x_1^2+x_2^2+\cdots+x_n^2}{n}-\left(\frac{x_1+x_2+\cdots+x_n}{n}\right)^2$$

※ 标准差

在计算方差的过程中，可以看到方差的数量单位与原数据的数量单位不一致，因而在实际应用时常常将求出的方差再开平方，这就是标准差，标准差为$\sqrt{S^2}$.

02

重点题型点睛

数学的题目数量是无限的，但是题型是有限的，掌握好了题型，才可以以不变应万变，才能更好地融会贯通，从而达到举一反三、触类旁通的效果．共总结 39 种高频题型，重点了解其中思维的变换，公式的来龙去脉，才能厚积薄发，决胜于千里之外．

※ 题型 1：有理数与无理数的运算

1. 有理数与无理数相加减的问题

点睛： 等式两边的有理数和无理数对应项相等．

例如：已知 a，b 为有理数，有 $2\sqrt{3}+1=a\sqrt{3}+b$，则 $a=2$，$b=1$.

2. 双重根号的处理方式

点睛： 当出现双重根号的时候可以采取平方法去外部根号也可以采用内部配方去根号．

$$\sqrt{(m+n)\pm 2\sqrt{mn}}=\sqrt{m}\pm\sqrt{n}\ (m>n>0)\ .$$

例如：

$$\sqrt{9-4\sqrt{5}}=\sqrt{\sqrt{5}^2+\sqrt{4}^2-4\sqrt{5}}=\sqrt{\left(\sqrt{5}-2\right)^2}$$

$$=\left|\sqrt{5}-2\right|=\sqrt{5}-2$$

3. 分母有理化

点睛： 最后结果中，分母不能有根号，所以要利用平方差公式进行分母有理化．

重要结论： $(\sqrt{a}+\sqrt{b})(\sqrt{a}-\sqrt{b})=a-b$，

特殊地，$(\sqrt{n+1}+\sqrt{n})(\sqrt{n+1}-\sqrt{n})=1$，

即$(\sqrt{n+1}+\sqrt{n})$与$(\sqrt{n+1}-\sqrt{n})$互为倒数．

例如：

$(\sqrt{2}-1)(\sqrt{2}+1)=1$，则 $\frac{1}{\sqrt{2}-1}=\sqrt{2}+1$ ；

同理 $\frac{1}{\sqrt{5}-2}=\sqrt{5}+2$ ，$\frac{1}{2+\sqrt{3}}=2-\sqrt{3}$ ．

※ 题型 2：整除问题

1. 快速得分技巧

整除问题，一般都可用特殊值进行代入求解 .

2. 常规方法

（1）设 k 法：a 被 b 整除，可设 $\frac{a}{b}=k$，整理得 $a=bk\,(k\in\mathbf{Z})$.

（2）因式法：若 $f(a)=0$，则 $f(x)$ 一定能分解出 $(x-a)$ 的因式 . 通常分解高次方程时，若各项系数和为 0，则 $f(1)=0$，必能分解出（$x-1$）的因式 .

例如：$f(x)=x^3-2x^2-2x+3$，可以观察到

$f(x)$ 中，系数和为 0，则 $f(1)=0$, 则

$$\begin{aligned} f(x) &= x^3-x^2-x^2-2x+3 \\ &= (x-1)\cdot x^2-(x-1)(x+3) \\ &= (x-1)(x^2-x-3) \end{aligned}$$

（3）余式法：若 $f(a)=b$, 则 $f(x)-b$ 能被 $x-a$ 整除 .

3. 特殊技巧 – 拆项拼凑法

点睛： 与整除相关的问题，常用拆项拼凑法 .

例如：2018 年真题中出现过：n 为正整数，$\frac{n}{n-3}$ 也为正整数，

则将 $\frac{n}{n-3}$ 拆分为 $\frac{n-3+3}{n-3}=1+\frac{3}{n-3}$ ，则 3 能被 $n-3$ 整除，

所以 $n=4$ 或 6 .

4. 约数个数求解

点睛: 若 $\frac{b}{a}$ 为整数，则 a 为 b 的约数，其中 a 的个数求法与约数个数求法相同，通常用以下两种方法 .

（1）穷举法

当数字较小时，可采用穷举法 . 例如：12 的约数有 1，2，3，4，6，12 .

（2）公式法

先将所给的数分解成质因数，若 $M=m_1^{k_1}\cdot m_2^{k_2}\cdot m_3^{k_3}\cdot\cdots\cdot m_n^{k_n}$，$m_1$，…，$m_n$ 均为质数，则 M 的正约数个数为 $(k_1+1)\times(k_2+1)\times(k_3+1)\times\cdots\times(k_n+1)$.

※ 题型 3：余数问题

1. 快速表示

点睛： 若 a 除以 b 的商是 c，余数为 r，则 $a=b\times c+r$，其中 $r<b$，且 $a-r=b\times c$.

如 $20\div6=3$ 余 2，则 $20=6\times3+2$，$20-2=18$ 为 6 和 3 的倍数 .

2. 余数题目汇总

（1）单个除数的余数问题

点睛： 常用表达式：被除数 – 余数 = 除数 × 商 .

例如：1531 除以某质数，余数得 13，这个质数为（　　）.

解析： 将 $1531-13=1518$ 分解质因数得到 $1518=23\times11\times6$，除数一定要比余数大，只有 23 大于 13，所以这个质数为 23 .

（2）多个除数的余数问题

下面以 4，5，6 为例，它们的最小公倍数为 60 .

① 同余问题

【例 1】一个两位数除以 4, 5, 6 均余 1, 则这个数为（　　）.

解析： 因为余数均为 1, 所以这个数减 1, 是 4, 5, 6 的公倍数，表示为 $60k+1$，当且仅当 $k=1$ 时是两位数，所以只能为 61.

② 不同余，但余数 + 除数相同

【例 2】一个两位数除以 6 余 1，除以 5 余 2，除以 4 均余 3，则这个数为（　　）.

解析： 因为 $6+1=5+2=4+3=7$，所以这个数可以表示为

$7+[4,5,6]k=60k+7$，当且仅当 $k=1$ 时是两位数，所以只能为 67 .

③ 不同余，但除数－余数相同

【例 3】一个小于 100 的正整数除以 6 余 5，除以 5 余 4，除以 4 均余 3，则这个数为（　　）.

解析： 因为 6–5=5–4=4–3=1，相当于这个数 +1 为 4，5，6 的公倍数 . 所以这个数可以表示为

$[4,5,6]k-1=60k-1$，又要求是小于 100 的正整数，所以只能为 59 .

④ 不同余，也无规律

【例 4】一个小于 100 的正整数除以 5 余 3，除以 7 余 2 则这个数为（　　）.

解析： 这个数除以 5 余 3，所以尾数为 3 或 8，从小到大可能为 3，8，13，18，23，28，33，38，⋯. 又因为除以 7 余 2，所以最小可验证为 23，所以这个数字可以表示为 $23+35k$. 这个数字是小于 100 的正整数，则这个数可以是 23，58，93 .

※ 题型 4：奇偶性与质数

1. 奇偶组合性质解决不定方程

例如：已知 A，B 为正整数，$4A+19B=95$.

解析： $19B=95-4A$，$4A$ 一定为偶数，则 $19B$ 为奇数，所以 B 只能为 1 或 3，则当且仅当 B 等于 1 时，A 为 19 成立 .

2. 质数与不定方程结合

点睛： 质数通常与奇偶性结合，因为质数中只有唯一的偶数为 2.

例如：已知 A，B 均为质数，则 $5A+3B=19$，则 A，B 等于多少？

解析： 19 为奇数，则 $5A$ 与 $3B$ 必为一奇一偶，A 与 B 均为质数，则 A，B 中必含有 2，若 $A=2$ 时，$B=3$ 满足题意；若 $B=2$，则 A 不是整数，排除 .

3. 数字特征法

（1）若干整数相乘，其中只要有一个偶数则结果必为偶数 .

（2）n 个整数相乘，得数为奇数，则这 n 个数均为奇数 .

（3）若干整数相乘后得数的尾数为 0 或 5，则这几个整数中必然有数字 5 或其约数有 5.

（4）若干不同质数相乘，若为一个质数的倍数，则这些质数中必然含有这个质数 .

例如：若 a，b，c 为不同的质数，且 abc 为 5 的倍数，则 a，b，c 中必然有一个是 5.

※ 题型 5：长串数字化简求值

1. 快速写答案

首尾呼应：前后所留项数相同，前留 n 项正（负），后留 n 项负（正）；前留 n 项分子（母），后留 n 项分母（子）.

2. 裂项相消

（1）分式：$\dfrac{1}{n(n+1)}=\dfrac{1}{n}-\dfrac{1}{n+1}$.

扩展： $\dfrac{1}{n(n+k)}=\dfrac{1}{k}\left(\dfrac{1}{n}-\dfrac{1}{n+k}\right)$.

（2）根式：$\dfrac{1}{\sqrt{n+1}+\sqrt{n}}=\sqrt{n+1}-\sqrt{n}$.

扩展： $\dfrac{1}{\sqrt{n+k}+\sqrt{n}}=\left(\sqrt{n+k}-\sqrt{n}\right)\cdot\dfrac{1}{k}$.

（3）阶乘：$n\cdot n!=(n+1)!-n!$.

扩展： $\dfrac{n}{(n+1)!}=\dfrac{1}{n!}-\dfrac{1}{(n+1)!}$.

例如：$\dfrac{1}{1\times2}+\dfrac{1}{2\times3}+\cdots+\dfrac{1}{99\times100}=(\quad)$.

解析： $1-\dfrac{1}{2}+\dfrac{1}{2}-\dfrac{1}{3}+\cdots+\dfrac{1}{99}-\dfrac{1}{100}=\dfrac{99}{100}$，可以看到前面只有一个 1 为正，后面则要有一个对应的负数，即 $-\dfrac{1}{100}$.

3. 多个括号相乘

点睛: 如果题干是多个括号的乘积，则使用分子、分母相消法或者凑平方差公式法，常用的公式有:

（1）$1-\frac{1}{n^2}=\left(1-\frac{1}{n}\right)\left(1+\frac{1}{n}\right)$.

（2）$(a+b)(a^2+b^2)\cdots\left(a^{2^n}+b^{2^n}\right)=\frac{a^{2^{n+1}}-b^{2^{n+1}}}{a-b}$

4. 组合求解法

点睛: 将组合后得到相同数字的值放在一起，数几组即可.

例如：1–2+3–4+5–6+···+2019–2020=（　）.

解析: 1–2=3–4=5–6=···=–1，每 2 个数为一组，每组的值为 –1，总共 2020÷2=1010（组），所以答案为 –1010.

5. 整体法

点睛: 将重复出现的一些项看成整体运算即可.

例如:

$$\left(1+\frac{1}{2}+\frac{1}{3}+\frac{1}{4}\right)\left(\frac{1}{2}+\frac{1}{3}+\frac{1}{4}+\frac{1}{5}\right)-\left(1+\frac{1}{2}+\frac{1}{3}+\frac{1}{4}+\frac{1}{5}\right)\left(\frac{1}{2}+\frac{1}{3}+\frac{1}{4}\right)=(\quad).$$

解析: 将$\frac{1}{2}+\frac{1}{3}+\frac{1}{4}$看成一个整体$A$，则值等于$(1+A)\left(A+\frac{1}{5}\right)-\left(1+A+\frac{1}{5}\right)A=\frac{1}{5}$.

6. 组合公式

（1）$C_n^0+C_n^1+C_n^2+\cdots+C_n^n=2^n$.

（2）$C_n^1+C_n^3+C_n^5+\cdots=2^{n-1}$.

（3）$C_n^0+C_n^2+C_n^4+C_n^6+\cdots=2^{n-1}$.

7. n个相同数字相加

（1）9+99+999+9999+⋯=10–1+100–1+1000–1+10000–1+⋯ 转换成后面这个恒等式来求值.

（2）15+195+1995+⋯=20–5+200–5+2000–5+⋯+ 同样可利用此法求解 .

8. 公式法

点睛: 转换为等差数列、等比数列利用求和公式求解.

（1）等比数列中若公比为2或$\frac{1}{2}$，则S_n=最大项 ×2– 最小项.

例如：1+2+4+8+16+32+64=64×2–1=127.

（2）错位相减法

例如：

求数列 $\{a_n \cdot b_n\}$ 的前 n 项和，其中 $\{a_n\}$、$\{b_n\}$ 分别是等差数列和等比数列，则使用错位相减法，则将 S_n 乘以等比数列的公比 q，再与 S_n 相减得到 qS_n-S_n，即可求解 .

※ 题型 6：比例计算的巧用

点睛： 比例在应用题中若出现，则需要将分数比转化成整数比 .

（1）$甲:乙:丙=\frac{1}{d}:\frac{1}{e}:\frac{1}{f}\Leftrightarrow 甲:乙:丙=ef:df:de$；

（2）$\frac{1}{甲}:\frac{1}{乙}:\frac{1}{丙}=d:e:f\Leftrightarrow 甲:乙:丙=\frac{1}{d}:\frac{1}{e}:\frac{1}{f}$；

（3）$甲:乙=d:e$，$乙:丙=f:q\Leftrightarrow 甲:乙:丙=df:ef:qe$

例如：甲、乙、丙三项之和为 34，已知$甲:乙:丙=\frac{1}{2}:\frac{1}{3}:\frac{1}{9}$，则甲 =（　　）.

解析： 首先将甲、乙、丙转化成整数比，利用 2、3、9 的最小公倍数为 18 可以得到，甲：乙：丙 =9：6：2，则甲占总体的$\frac{9}{17}$，则甲 $=34\times\frac{9}{17}=18$.

※ 题型 7：比例定理的应用

1. 等比定理

（1）定义：$\frac{a}{b}=\frac{c}{d}=\frac{e}{f}=\frac{a+c+e}{b+d+f}$（$b+d+f\neq 0$），还有一种情况 $b+d+f=0$

（2）应用：涉及等比定理的问题一般有两个解 .

例 如：若 $\frac{a+b-c}{c}=\frac{a-b+c}{b}=\frac{-a+b+c}{a}=k$，则 k 的 值为（　）.

解析： 若 $a+b+c=0$，则 $k=-2$; 若 $a+b+c\neq 0$，则 $k=1$.

2. 设 k 法

若 $\frac{a}{b}=\frac{d}{c}=k$，则 $a=kb$，$d=ck$.

3. 技巧

看到分式一般可以利用特值法代入快速解答 .

※ 题型 8：符号问题

1. 自比性：实数 x 与其绝对值的比值只与 x 的正负相关

$$\frac{x}{|x|}=\frac{|x|}{x}=\begin{cases}1, & x>0,\\ -1, & x<0.\end{cases}$$

2. 符号判断

设 a，b，c 为三个不为 0 的实数

（1）$a+b+c=0$：两正一负或两负一正 .

（2）$a+b+c>0$：至少有一正 .

（3）$a+b+c<0$：至少有一负 .

（4）$abc>0$：三正或两负一正 .

（5）$abc<0$：三负或两正一负 .

※ 题型 9：绝对值的几何意义

1. 形如 $y=|x-a|+|x-b|(a<b)$ 类型

（1）最小值为 $b-a$, 无最大值 .

（2）当 $y>b-a$ 时，$x<a$ 或 $x>b$；当 $y=b-a$ 时，$a\leqslant x\leqslant b$；当 $y<b-a$ 时 , 无解 .

2. 形如 $y=|x-a|-|x-b|$（$a<b$）类型

（1）最小值为 $a-b$, 最大值为 $b-a$.

（2）当 $y=b-a$ 时，$x\geqslant b$;

当 $y=a-b$ 时，$x\leqslant a$;

当 $a-b<y<b-a$ 时 ,$a<x<b$.

3. 形如 $y=|x-a|+|x-b|+|x-c|$（$a<b<c$）类型

（1）最小值为 $c-a$, 无最大值 .

（2）当 $y=c-a$ 时，$x=b$;

当 $y<c-a$ 时，x 无解；当 $y>c-a$ 时，x 有 2 个解集

4. 形如 $y=|x-a|+|x-b|+|x-c|+|x-d|$（$a<b<c<d$）类型

x 在 b 和 c 之间可取最小值 .

5. 形如 $y=|ex-a|+|fx-b|$ $(0<|e|<|f|)$ 类型

当 $x=\frac{b}{f}$ 时，$f(x)$ 取最小值 .

6. 形如 $y=|ex-a|-|fx-b|$ $(0<|e|<|f|)$ 类型

当 $x=\dfrac{b}{f}$ 时，$f(x)$ 取最大值 .

※ 题型 10：绝对值平方法总结

绝对值采用平方法的情况：

形如：$|f(x)| > |g(x)|$；$\left|\frac{f(x)}{g(x)}\right| > 1$；

$|f(x)| - |g(x)| > 0$．直接利用平方差公式：

$[f(x) + g(x)] \times [f(x) - g(x)] > 0$ ．

例如：

已知$|3x + 2| > |2x - 1|$，则 x 的范围为（　　）．

解析： 本题形如 $|f(x)| > |g(x)|$，则可采用平方差公式：

$(3x + 2 + 2x - 1)(3x + 2 - 2x + 1) > 0 \Rightarrow (5x + 1)(x + 3) > 0$

则 x 的范围为 $x < -3$ 或 $x > -\frac{1}{5}$．

※ 题型 11：变速直线问题巧解

点睛： 变速问题常用的公式：$v_1v_2=\frac{S}{\Delta t}\cdot\Delta v$.

例如：某人驾车从 A 地赶往 B 地，前一半路程比计划多用时 45 min，平均速度只有计划的 80%，若后一半路程的平均速度为 120 km/h，此人还能按原定时间到达 B 地，A,B 两地的距离为（　　）.

解析： $0.8v\cdot v=\frac{\frac{S}{2}}{\frac{3}{4}}\cdot 0.2v\rightarrow\frac{S}{v}=t=6\,(\text{h})$，则

总共用时 6 h，一半路程则需要 3 h，后一半路程速度为 120 km/h，后一半路程用时 3–0.75=2.25（h），所以总路程为 120 × 2.25 × 2=540（km）.

※ 题型 12：直线往返相遇

点睛： 甲、乙两人相隔距离为 S，往返相遇 N 次，如果速度方向相反则总路程为（$2N-1$）S；如果速度方向相同，则总路程为 $2NS$.

例如：两地相距 1 800，甲的速度是 100，乙的速度是 80，相向而行，则两人第三次相遇时，甲距其出发点（　　）.

解析： 第三次相遇，总共走的路程为 $1\,800\times5=9\,000$. 则需要的时间为 $9\,000\div(100+80)=50$，则甲走的总路程为 $50\times100=5\,000=2\times1\,800+1\,400$，则离起点 1 400.

※ 题型 13：水中两船同时运动

点睛： 两船在水中同时运动时，所求时间与水速无关.

（1）甲、乙两船反向相遇时间

$$t=\frac{s}{\left(v_{甲}+v_{水}\right)+\left(v_{乙}-v_{水}\right)}=\frac{s}{v_{甲}+v_{乙}}.$$

（2）甲、乙两船同向相遇时间

$$t=\frac{s}{\left(v_{甲}\pm v_{水}\right)-\left(v_{乙}\pm v_{水}\right)}=\frac{s}{v_{甲}-v_{乙}}.$$

※ 题型 14：整数圈问题

点睛： 对于整数圈的问题来说，不用考虑速度的方向，$n_{甲}:n_{乙}=s_{甲}:s_{乙}=v_{甲}:v_{乙}$.

评注： 甲，乙两人只能在起点相遇，在别的地方相遇不算．两人的圈数之比等于两人的速度的最简比．

※ 题型 15：平均速度问题

点睛： 同一段路程来回的速度不同，则他的平均速度为 $\frac{2v_1v_2}{v_1+v_2}$．

例如：小明从家到学校为上坡，速度为 4，回家为下坡，速度为 6，则平均速度为（　　）．

解析： 平均速度 =2×4×6÷（4+6）=4.8.

※ 题型 16：路程图像问题

点睛： 路程问题中图像把握三大要素：

1. 横纵坐标的单位含义；2. 斜率的意义；3. 面积的意义 .

对于 v–t 图像来说，面积代表路程，斜率代表加速度；对于 s–t 图像来说，斜率代表速度；

对于 s–v 图像来说，水平直线代表匀速运动，其余直线代表匀变速运动 .

※ 题型 17：工程问题

1. 比例法

工程问题中的正比、反比问题等同于路程问题中 .

点睛： 比例法的使用前提一定要找到一个不变量 .

例如：师父和徒弟加工一批零件 168 个，师父 5 min 加工一个零件，徒弟 9 min 加工一个零件，若两个人同时开工，完成时师父和徒弟分别加工了多少个零件 .

解析： 同时开工，则师父和徒弟的工作时间相同 . 则工作量之比等于工作效率之比 . 另外，对于同一个零件来说，工作量一定，则效率之比应当等于工作时间的反比，可计算出师徒二人的效率之比，师父 : 徒弟 =9 : 5，则师父完成总量为 $168\times\frac{9}{14}=108$（个），徒弟为 60 个 .

2. 转化法

点睛： 当同一件工作由两种不同的方式来完成时，可以利用转化法，将一个人的工作效率转化成另一个人的工作效率 . 这样整个工作就可以看成一个人在做 .

例如：一件工作，甲、乙两人合作 30 天可以完成，二人共同做了 6 天后，甲离开了，由乙继续做了 40 天才完成 . 那么这件工作由甲单独做需要（　　）天 .

解析： 从题目上看有两种完成方式，一种为甲、乙均做了 30 天；另一种为甲做了 6 天，乙做了 46 天 .

两种方式都是完成了工作，所以两种方式对比之后发现甲少做了 24 天的工作量等同于乙多做的 16 天的工作量。完成同样的工作量，甲、乙所用时间之比就等于 24∶16=3∶2. 所以乙做 30 天的量等同于甲做 45 天的量再加上甲本身做 30 天，所以甲单独做 75 天可完成 .

3. 最小公倍数法

点睛： 将总工作量可以看作每个人工作天数的最小公倍数，这样做的好处是每个人的效率都可以用整数来表示, 可以快速计算.

例如：一件工作，甲单独做 12 h 完成，乙单独做 10 h 完成，丙单独做 15 h 完成 . 现在甲单独做 2 h，余下的由乙、丙二人合作，还需（　　）h 才能完成 .

解析： 因为 12，10，15 的最小公倍数 60，不妨设总工作量为 60，则甲、乙、丙的效率为 5、6、4，设还需 x h 完成，则 $5\times2+(4+6)\times x=60$，则可求出 $x=5$ h.

4. 牛吃草问题

点睛： 牛吃草问题，其实就是效率正负的问题，草生长的效率和牛吃草的效率是相反的 . 这样我们就可以将每头牛的效率看作 1，反解出草的生长速度和原来草地的量 .

例如：一片牧场上的草长得一样密，一样快 . 已知 70 头牛在 24 天里把草吃完，而 30 头牛就需要 60 天，如果要在 96 天内把牧场的草吃完，那么有（　　）头牛 .

解析： 设草每天的生长速度为一头牛吃草 1 天的 x 倍 $(70-x)\times24=(30-x)\times60$，则 $x=\frac{10}{3}$. 将 x 代入，则草的总量为 1 600. 则牛的数量为 $1\,600\div96+\frac{10}{3}=20$（头）.

※ 题型 18：最大值函数与最小值函数的画法

点睛： max 函数为最大值函数，先画出各函数图像，然后取上方部分；min 函数为最小值函数，先画出各函数图像，然后取下方部分 .

※ 题型 19：绝对值函数

点睛： 三类绝对值函数围成的形状及面积：

（1）$|ax \pm by| = c$（$c > 0$）所围成的面积为 $\frac{2c^2}{|ab|}$；当 $a = b$ 时为正方形，当 $a \neq b$ 时为菱形．

（2）$|ax|+|by|=e$（$e > 0$）所围成的面积为 $\frac{2e^2}{|ab|}$；当 $a = b$ 时为正方形，当 $a \neq b$ 时为菱形．

（3）$|xy| + ab = a|x| + b|y|$ 的面积为 $4|ab|$；当 $a = b$ 时为正方形，当 $a \neq b$ 时为长方形．

※ 题型 20：不等式恒成立专题

1. 一元二次不等式恒成立

$ax^2+bx+c>(<)0$恒成立，则代表两种情况

（1）$a=b=0$，$c>(<)0$；

（2）$\begin{cases} a>(<)0, \\ \Delta<0. \end{cases}$

2. 涉及最值恒成立问题

假设$f(x)$的最大值为M，最小值为N

$f(x)\geqslant a$恒成立，则$N\geqslant a$；

$f(x)\geqslant a$成立，则$M\geqslant a$；

$f(x)\leqslant a$恒成立，则$M\leqslant a$；

$f(x)\leqslant a$成立，则$N\leqslant a$.

例如：$|x-1|+|x-2|>a$恒成立，求a的取值范围.

解析： $|x-1|+|x-2|$有最小值1，则$a<1$.

3. 恒成立和解为空集的转换

$f(x)>a$的解为空集，则可转换为$f(x)\leqslant a$恒成立.

$f(x)<a$的解为空集，则可转换为$f(x)\geqslant a$恒成立.

4. 不等式中有两类参数

要完成思维的转换，将恒成立的参数视为未知数，将x视为参数.

例如：若不等式$2x-1>m(x^2-1)$对满足 $|m|\leqslant 2$ 的所有 m 恒成立，则关于 x 的解集包含（　　）个整数．

解析： $(x^2-1)m-2x+1<0$，则左边是关于 m 的一次函数，

为一条直线，要恒成立，只需满足 2 个端点的函数值小于 0

即可．则 $x\in\left(\frac{-1+\sqrt{7}}{2},\frac{1+\sqrt{3}}{2}\right)$，此区间只包含 1 个整数解．

※ 题型 21：圆弧相关面积总结

1. 反面求解法

【图形特征】当阴影面积为不规则图形，但是整体和空白面积为规则图形时，$S_{阴影}=S_{整体}-S_{空白}$.

2. 对称法

【图形特征】当阴影面积由 N 个相同形状组成时，可以先求出一个再乘以相应倍数，$S_{整体}=S_{单个}\times N$.

3. 分块编号求解法

【图形特征】如果图形是由多个规则图形组成，则可以将每个阴影部分进行编号，然后通过线性组合进行求解 .

例如：如图所示△ ABC 是等腰直角三角形，阴影部分①比阴影部分②的面积小 28，直径 AB 为 40，则 BC=（　　）.（π 取 3.14）

解析： 将阴影部分②的面积设为 X，①的面积设为 Y，空白面积设为 Z. 可以看到 $X+Z$= 直角三角形的面积 .$Y+Z$ 为半圆的面积，则 ② – ① = $(X+Z)-(Y+Z)=\frac{1}{2}\times AB\times BC-\frac{1}{2}\times\frac{\pi}{4}AB^2=28$，

可由此解出 $BC\approx 32.8$.

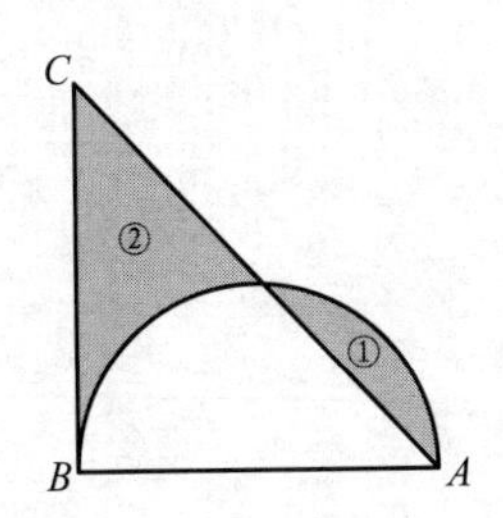

4. 割补法

【图形特征】阴影部分中，有凸出的，有凹陷的，凸出和凹陷的可以组合成规则图形.

口诀: 有凹有凸，凹凸互补.

5. 等积转换

【图形特征】图形变换位置后，面积不变，所以将图形移到好计算的位置上.

口诀: 位置变换，面积恒定，则等积转换.

※ 题型 22：圆与坐标轴相切

1. 圆的标准式与坐标轴相切

对于圆的标准式方程为：$(x-a)^2+(y-b)^2=r^2$，

（1）若与 x 轴相切，则 $|b|=r$;

（2）若与 y 轴相切，则 $|a|=r$;

（3）若与 x 轴和 y 轴都相切，则 $|a|=|b|=r$.

2. 圆的一般式与坐标轴相切

对于圆的一般式方程为：$x^2+y^2+ax+by+c=0$,

（1）若与 x 轴相切，则 $a^2=4c$；

（2）若与 y 轴相切，则 $b^2=4c$；

（3）若与 x 轴和 y 轴都相切，则 $a^2=b^2=4c$.

※ 题型 23：直线与圆相切四种判断方式

1. 几何法

点睛： 利用圆心到直线的距离与 r 的大小关系来判定，所以需要考生重点记住的公式为点到直线的距离 .

2. 代数法

点睛： 将直线和圆的方程进行联立变为一元二次方程 .

若 $\Delta>0$，则直线与圆相交；

若 $\Delta=0$，则直线与圆相切；

若 $\Delta<0$，则直线与圆相离 .

3. 切线法

点睛： 已知(x_0, y_0)为圆$(x-a)^2+(y-b)^2=r^2$上一点，则过该点的切线方程为：

$$(x_0-a)(x-a)+(y_0-b)(y-b)=r^2 .$$

例如：已知圆 C：$x^2+(y-a)^2=b$，若圆 C 在点 (1,2) 处的切线与 y 轴的交点为 (0,3)，则 ab=（　　）.

解析： 该点处的切线方程为

$1\times x+(2-a)(y-a)=b$. 将（0，3），（1，2）代入式中，则 a=1，b=2，ab=2.

※ 题型 24：圆上的点到直线的距离题型总结

点睛： 已知圆的半径为 r，求圆上的点到直线的距离为 d（$d<r$）有几个点时，观察圆心到直线的距离．

（1）当圆心到直线的距离为 $r+d$ 时，有 1 个点；

（2）当圆心到直线的距离在 $(r-d,\ r+d)$ 时，有 2 个点；

（3）当圆心到直线的距离为 $r-d$ 时，有 3 个点；

（4）当圆心到直线的距离在 $[0,r-d)$ 时，有 4 个点．

※ 题型 25：圆上的弦

1. 弦的产生与长度求解

直线与圆相交则必定会有 2 个交点，直线截圆所得的弦长为 $2\sqrt{r^2-d^2}$（d 为圆心到直线的距离，$d<r$）.

2. 弦长的最值

过圆内一点的弦长的最值为：

（1）最小值为 $2\sqrt{r^2-d^2}$（d 为圆心到该点的距离，$d<r$）.

（2）最大值为直径 D.

※ 题型 26：两个圆的公共弦求解方式

求解两个圆公共弦的方程时可直接用两个圆的方程相减 .

※ 题型 27：轴对称

1. 点关于直线的对称

关于 4 条特殊直线对称 .

- 点（A , B）关于 x 轴对称后：（A ,– B）；
- 点（A , B）关于 y 轴对称后：(– A , B）；
- 点（A , B）关于 y=x 轴对称后：（B，A）；
- 点（A , B）关于 y=–x 轴对称后：(– B，– A）.

2. 点关于斜率为 ±1 的直线对称

技巧： 快速代入法 .

例如：点（1，2）关于 x–y+3=0 的对称点为（　　）.

解析： 对称直线的斜率为 1，可采用快速代入法，将 x=1 代入，y=4；将 y=2 代入 x=–1, 则对称点为（–1，4）.

3. 点关于直线的对称公式

点$P(x_0, y_0)$关于直线 $Ax+By+C=0$ 的对称点的计算方法：设 $Ax_0+By_0+C=D$，直接写出对称点 $p'\left(x_0-\frac{2AD}{A^2+B^2}, y_0-\frac{2BD}{A^2+B^2}\right)$.

例如：点（1，2）关于 x+2y+5=0 的对称点为（　　）.

解析： 可以求出 D=10，则对称点为

$$\left(1-\frac{2\times1\times10}{5}, 2-\frac{2\times2\times10}{5}\right)=(-3, -6).$$

4. 直线关于直线的对称公式

（1）相交直线求对称

技巧： 在一条直线上随意找两点利用点关于直线的对称公式求出经过另外一条直线的对称后的两点，两点连线即为对称直线．

（2）一条直线关于另外一条平行直线对称．

技巧： l_1：$Ax+By+C_1=0$关于l：$Ax+By+C_2=0$的对称直线为l_2：$Ax+By+2C_2-C_1=0$．

5. 圆关于直线的对称

技巧： 圆关于一条直线的对称圆为：圆心关于直线对称之后，半径不变的圆．

※ 题型 28： 中心对称

1. 点关于点的对称

技巧： 点 $P(x, y)$ 关于点 $M(a, b)$ 对称点 Q 的坐标是 $(2a-x, 2b-y)$.

2. 直线关于点的对称

直线 l：$Ax+By+C=0$ 关于点 $P(a, b)$ 对称的直线方程为 $A(2a-x)+B(2b-y)+C=0$.

※ 题型 29：直线恒过定点问题

1. 直线为 $y=kx+b$

点睛: 把直线转换为点斜式：$y=k(x-a)+b$，则恒过 (a, b)点；

2. 带有参数的一般式

点睛: 带有参数的一般式：

$$(a_1+\lambda a_2)x+(b_1+\lambda b_2)y+c_1+\lambda c_2=0$$

首先将参数分离：

$$(a_1x+b_1y+c_1)+\lambda(a_2x+b_2y+c_2)=0$$

则恒过的定点为

$a_1x+b_1y+c_1=0$与$a_2x+b_2y+c_2=0$的交点 .

※ 题型 30：解析几何最值问题总结

1. 面积最值

口诀： 点 P 为第一象限的点$(a\ ,\ b)$，经过点 P 与 x 轴 ,y 轴的正半轴围成的面积最小值为 $2ab$.

例如：过（1，2）的直线与两坐标轴的正半轴相交，则与坐标轴围成的最小面积为（　　）.

解析： 面积最小为 $2\times1\times2=4$.

2. 圆上的点到直线或点的距离最值

口诀： 求出圆心到直线或点的距离，再根据圆与直线的位置关系求解 . 一般是此距离加半径或距离减半径为其最值 .

3. 两个距离相加求最值

口诀： 动点 C 在一条直线上运动, A、B两点在直线的同一侧, 则 $AC+BC$ 的最小值可利用轴对称求其中一点关于直线的对称点解决 .

4. 求 $\dfrac{y-b}{x-a}$ 的最值

设 $k=\dfrac{y-b}{x-a}$，转化为动点 (x,y) 与定点 (a,b) 两点连线的斜率的取值范围 .

技巧： 可以利用数形结合法快速找斜率范围 .

5. 求$ax+by$的最值

设$ax+by=c$，转换为$y=-\frac{a}{b}x+\frac{c}{b}$，转换为求动直线截距的最值.

技巧： 可以利用数形结合法快速找截距的取值范围.

6. 求$(x-a)^2+(y-b)^2$的最值

设$d^2=(x-a)^2+(y-b)^2$，转化为$d=\sqrt{(x-a)^2+(y-b)^2}$，

看成动点到定点(a,b)的距离.

技巧： 可以利用数形结合法快速利用圆心(a,b)半径为d来做圆确定取值范围.

7. 利用线性优化最值

技巧： 利用线性优化求最值则直接代入边界点即可.

※ 题型 31：长方体巧解

点睛： 在棱长分别为 a、b、c 的长方体中：

棱长和为：$4(a+b+c)$；

体对角线为：$\sqrt{a^2+b^2+c^2}$；

表面积为：$2(ab+bc+ac)$.

结论： 则：$\left(\frac{\text{棱长和}}{4}\right)^2=\text{体对角线}^2+\text{表面积}$.

※ 题型 32：　球体公式

结论： 球体出现截面问题必然会用到：$R^2 = r^2 + d^2$（R 为球体半径，r 为截面半径，d 为球心到截面的距离）

※ 题型 33：排列组合核心

点睛： 排列组合的难点在于考虑清楚各个类型的步骤先后顺序，不能重复，也不能漏算．排列组合核心原则：

（1）先分类后分步，先选后排．

（2）出现干扰一定要分类，从 n 个元素中选取 m 个元素的方法数为：C_n^m 若还要将这 m 个元素排序，则需乘以 $m!$．

※ 题型 34：排列组合的十种解题策略

点睛： 排列组合的难点在于思维的先后顺序，主要有十种解题策略．具体为：

1. 先分类后分步

点睛： 对于一个排列组合问题，一定是先看可以有几种类别，再分步进行．

注意： 如果题目中涉及的数量分配有干扰则一定要分类．

2. 先特殊后一般

点睛： 优先去处理特殊元素，剩余元素可以全排列．

注意： 特殊元素指的是限制比较多，要求比较高的元素．

例如：现有 3 名男生和 2 名女生参加面试，第一个面试的是女生，则面试的排序法有（　　）种．

解析： 优先处理第一个位置，一定为女生，则可从 2 名女生中挑选出来一人，然后剩余 4 人可以全排列，所以答案为：$C_2^1 \cdot 4! = 48$（种）．

3. 数字问题：先末后首再其余

点睛： 数字问题的难点在于 0，因为 0 不能在首位；在涉及数字奇偶性问题归根结底在于末位，所以先考虑末位，再考虑首位，然后考虑其余位置．

例如：0，1，2，3，4，5 中，选出 3 个不同数字组成奇数有（　　）个．

解析： 先考虑末位：1，3，5 选出一个；再考虑首位，不能是 0，所以从剩余的 4 个数中选出一个；中间的再从剩余的再选出一个，所以答案为 $3\times4\times4=48$.

4. 全能元素：先看全能元素的数量再分类

点睛： 全能元素若为 1 个，则按照有没有取全能元素分类；若全能元素多于 1 个，则按照其余元素中数量少的进行分类 .

5. 相邻问题：先打包再排序

点睛： 相邻元素视为一个包之后可以看成一个元素，单独的也是一个元素，之后按照三步走就可以完成：

（1）观察几个包，总共几个元素；

（2）元素之间排序；

（3）包内排序 .

6. 不相邻问题：先其余再插空

点睛： 不相邻元素利用插空法处理，先将其余元素排号，再在空位中插入不相邻元素，具体步骤为：

（1）观察总共需要 M 个元素不相邻，其余元素的个数，假设为 N；

（2）其余元素左右两边各产生一个空位，总共 $N+1$ 个；

（3）从空位中挑选 M 个进行插入，之后排序 .

在 N 个元素中插入 M 个元素的方法数为：$\mathrm{C}_{N+1}^{M}\cdot M!\cdot N!$.

7. 相邻不相邻同时出现：先打包，再插空

口诀： 同时出现时，先处理相邻，将相邻元素看为一个整体来处理，再进行插空 .

8. 配对问题：先选双再选只

点睛： 先从问题当中观察出鞋子要来自几双鞋，再从双数中挑选个数即可 .

例如：从五双不同号码的鞋中任取 4 只，这 4 只鞋中有 2 只配成一双的不同取法共有（　　）种 .

解析： 这 4 只鞋来自三双鞋，再从三双鞋种挑出一双需要全要，剩余两双中任意各挑出一只鞋即可 . 答案：

$C_5^3 \cdot C_3^1 \cdot C_2^2 \cdot C_2^1 \cdot C_2^1 = 120$（种）.

9. 涂色问题：先选颜色种数再涂色

点睛： 相邻两块区域一般不能同色，所以我们要先看总共至少需要多少种颜色，之后再涂上颜色即可 .

10. 先正后反，正难则反

点睛： 当遇到“至少”“至多”问题正面求解计算量大，数量太多，可以从反面考虑 .

符合条件的数量 = 总数 − 反面的数量 .

※ 题型 35：分房问题总结

分房问题是最近几年的常考题型，因为该知识点容易造成考生混淆，所以一定要找好特征再下手做题．现在从观察元素与对象的方面进行讨论：

1. 方幂法

特征： 1. 元素不同；2. 对象不同；3. 对元素无限定，则可重复使用．

例如：将 7 支不同的笔，放入 4 个不同的盒子中，总共有（　　）种放法．

解析： 方幂法：4^7．

2. 对号不对号

特征： 1. 元素不同；2. 对象不同；3. 对元素有限定，元素与对象有对应关系．

点睛： 出题方式为：编号为 1，2，3，…，n 的小球，放入编号为 1，2，3，…，n 的盒子，每个盒子放一个，要求小球与盒子不同号．

此类题型不需要自己去推导，只需要记住结论即可

（1）全部对号入座只有 1 种；

（2）n=2 时，有 1 种方法；

（3）n=3 时，有 2 种方法；

（4）n=4 时，有 9 种方法；

（5）n=5 时，有 44 种方法．

陷阱： 不会出现的情况为：有 1 个元素没有对号入座，剩余均对号入座 .

3. 先分堆后分配

特征： 1. 元素不同；2. 对象不同；3. 对元素有限定，分组中有同样的数量 .

例如：将 7 支不同的笔，放入 4 个不同的盒子中，每个盒子中至少有一支笔，总共有（　　）种放法 .

解析： 可以按盒子中的笔数分为 3 种放入，（4，1，1，1）；（3，2，1，1）；（2，2，2，1）

所以种数为：$\left(C_7^4+C_7^3\cdot C_4^2+\dfrac{C_7^2C_5^2C_3^2}{3!}\right)\times 4!=8400.$

技巧： 若 n 堆中的元素数均为 1，则只有 1 种分组方案 .

4. 只分堆，不分配

特征： 1. 元素不同；2. 组别相同；（只分堆，不分配）

例如：将 7 支不同的笔，放入 4 个相同的盒子中，每个盒子中至少有一支笔，总共有（　　）种放法 .

解析： $C_7^4+C_7^3\cdot C_4^2+\dfrac{C_7^2C_5^2C_3^2}{3!}=350.$

5. 隔板非空法：C_{n-1}^{m-1}

特征： 1. 元素相同；2. 组别不同；3. 每组至少一个 .

例如：将 7 支相同的笔，放入 4 个不同的盒子中，每个盒子中至少有一支笔，总共有（　　）种放法 .

解析： $C_{7-1}^{4-1}=C_6^3=20$.

6. 隔板可空法：C_{n+m-1}^{m-1}

特征： 1. 元素相同；2. 组别不同；3. 对组中元素个数无要求

例如：将 7 支相同的笔，放入 4 个不同的盒子中，总共有（　　）种放法 .

解析： $C_{7+4-1}^{4-1}=C_{10}^3=120$.

7. 先满足后隔板

特征： 1. 元素相同；2. 组别不同；3. 某组中元素要求在 1 个以上 .

例如：将 7 支相同的笔，放入 4 个不同的盒子中，1 号盒子恰有 2 支笔，总共有（　　）种放法 .

解析： 先往 1 号盒子拿 2 支笔，然后剩余 5 支放入 3 个盒子即可 . 答案为 $C_{5+3-1}^{3-1}=C_7^2=21$.

8. 穷举、列举法

特征： 1. 元素相同；2. 对象相同 . 只适用于元素和对象都较少的情况 .

※ 题型 36： 局部定序或相同

点睛: 只选不排 .

例如：某人的手机号前三位为 181，剩余 8 位是由 3 个 3，4 个 5，1 个 6 组成，则组成的手机号有（　　）种 .

解析: 只选不排：从 8 个位置选 3 个位置给 3，从剩余 5 个位置选 4 个位置给 5，剩余 1 个位置给 6 即可 . 答案为：$C_8^3 \cdot C_5^4 \cdot C_1^1=280$.

※ 题型 37：取样问题

1. 取样的方式

点睛： 取样方式可分为：一次取、不放回取、放回取 .

重点： 取样问题中一次取 n 件和不放回取 n 件，每件被取到的概率相同，所以不放回取可以用一次取来计算每件被取到的概率 .

2. 取样最值问题

点睛： 取球中，取出来的球最大号码为 M，则 M 这个号码一定要取，剩下的从号码比 M 小的 $M-1$ 个球中取 .

3. 试密码问题

技巧： 试密码问题中，每次成功的概率均为 $\frac{1}{n}$，n 为总数 .

※ 题型 38： 独立事件常遇陷阱

1. 隐含着“至少有一个”

特征: 在独立事件中，当出现了如下描述：报警了；中奖了；击中了；成功破译了等，指的是至少有一个成功事件发生 .

解析: 通常采用反面考虑，用 1 减去每次事件均不成功的概率的积 .

2. 出现了已知事实

点睛: 若题目当中明确告诉已经发生的事实（如乙在第一局获胜），则无需考虑其发生的概率 .

例如：甲、乙两人进行围棋比赛三局两胜，已知每盘棋甲获胜的概率是 0.6，若乙在第一盘获胜，则甲赢得比赛的概率为（　　）.

解析: 概率为 $0.6\times0.6=0.36$，此类问题不应再乘乙在第一盘获胜的概率 .

3. 终止事件的概率

点睛: 独立重复事件中，两人比赛中若甲最后胜出，则甲在最后一局一定获胜，但是不能省略最后一局甲获胜的概率 .

※ 题型 39：数据分析常用技巧

1. 妙算平均值

技巧： 在计算加权平均值，直接把各个平均值乘以对应权重再相加即可 .

2. 方差比较大小速解

技巧： 利用极差可以快速比较方差大小，极差 = 最大值 - 最小值 .

3. 直方图常见陷阱

技巧： 直方图中，各个矩形面积代表频率 .

03

解题黄金技巧

※ 技巧 1：特值法

选取符合题意的特殊数值，特殊数列，特殊位置和特殊图形，代入或者比照选项来确定答案，这种方法叫作特值代入法，是一种使用频率很高的方法．在部分题目中运用特殊值代入解题可以加快解题速度．

例 1. 已知 $a:b$=0.4∶0.3，则 $\frac{12a+16b}{12a-8b}$ =（　　）．

A. 2　　B. 3　　C. 4　　D. –3　　E. –2

解析： 令 $a=4$，$b=3$,

原式 $=\frac{12\times4+16\times3}{12\times4-8\times3}=\frac{96}{24}=4$，选 C．

※ 技巧 2：代入排除法

将选项逐一代入条件中进行验证，进行排除并最终确定答案，这种方法叫代入排除法．当直接求解比较困难时，可采用代入排除法，代入技巧应按照题目选项顺序进行代入．

例 2. 若 x^3+x^2+ax+b 能被 x^2-3x+2 整除, 则(　　).

A. $a=4,b=4$　　B. $a=-4,b=-4$　　C. $a=10,b=-8$

D. $a=-10,b=8$　　E. $a=2,b=0$

解析： $x^2-3x+2=(x-1)(x-2)$，通过因式定理可得 $f(1)=0$，将选项依次代入 $2+a+b=0$，则只有选项 D 满足．

※ 技巧 3：数字特征法

数字特征法指不通过具体计算得出最后的结果，而只需考虑最后结果所应满足的数字特征，从而排除错误选项得到正确选项的方法．常用的数字特征包括正负特征，大小特征，奇偶特征，系数特征，整除特征，余数特征，其中尤以整除特征最为常用．

例 3. 多项式 x^3+ax^2+bx-6 的两个因式是 $x-1$ 和 $x-2$，则其第三个一次因式为（　　）．

A. $x-6$　　B. $x-3$　　C. $x+1$

D. $x+2$　　E. $x+3$

解析： 采用常数项法：多项式中的常数项 -6 是由它的三个一次因式中的常数项相乘得到的，即有 $(-1)\times(-2)\times m=-6$，则 $m=-3$，选 B．

※ 技巧 4：统一比例法

在比例问题中，若要求某两个量之间的比例，常常寻找不变量或者比例关系来解题．快速解题技巧是找到统一不变量或者统一比例关系．

（1）某部分量不变；

（2）总量不变；

（3）差量不变；

（4）蒸发，稀释，加浓，结晶．

例 4. 仓库中有甲、乙两种产品若干件，其中甲产品占总库存量的 45%，若再存入 160 件乙产品后，甲产品占新库存量的 25%。那么甲产品原有件数为（　　）．

A. 80　　B. 90　　C. 100　　D. 110　　E. 115

解析： 原来甲：乙 =9：11，现在甲：乙 =1：3，由于前后甲没有发生变化，所以将甲统一，找到 9 与 1 的最小公倍数 9，后者比例同时扩大 9 倍，则后来的比例变为 9：27. 发现相当于乙增加了 16 份，对应 160 件产品，则 1 份等于 10 件产品，甲原先占 9 份，则甲产品原有件数为 90. 选 B.

※ 技巧 5：范围估算法

估算范围是指通过估算可以判别选项的范围从而快速地选择答案．

（1）根据整除特征判别；

（2）根据正负快速判别；

（3）根据大小快速判别；

（4）根据混合快速判别；

（5）根据范围快速判别．

例 5. 快、慢两列车长度分别为 160 m 和 120 m，它们相向行驶在平行轨道上，若坐在慢车上的人见整列快车驶过的时间是 4 s，那么坐在快车上的人见慢车行驶过的时间是（　）．

A. 3 s　　B. 4 s　　C. 5 s　　D. 6 s　　E. 7 s

解析： 由于相对速度保持不变，所以驶过的时间均为对面的车长 ÷ 相对速度，车长长用时间多，车长短用时间少，120<160，所求时间小于 4 s，则选 A．

※ 技巧 6：列举归纳演绎法

解题时，直接列举满足条件的所有情况，从而得到答案的方法叫作“列举穷举法”；在此基础之上，总结提炼出其通用性质，从而解出更复杂的情形，这种方法叫作“归纳演绎法”.

当满足条件的情形比较少时，把可能的情况直接逐一列举，代入题干，逐个检验是否符合，可以很快验证答案是否正确.当答案要求的数字很大时，可以从较小的数字开始计算，总结归纳其通用规律.

※ 技巧 7：数形结合法

“数缺形时少直观，形少数时难入微”. 数形结合法主要利用集合韦恩图，绝对值函数，二次函数，解析几何的图像快速用图像进行突破.

例 6. 某年级 60 名学生中，有 30 人参加合唱团，45 人参加运动队，其中参加合唱团而未参加运动队的有 8 人，则参加运动队而未参加合唱团的有（　　）.

A. 15 人　B. 22 人　C. 23 人　D. 30 人　E. 37 人

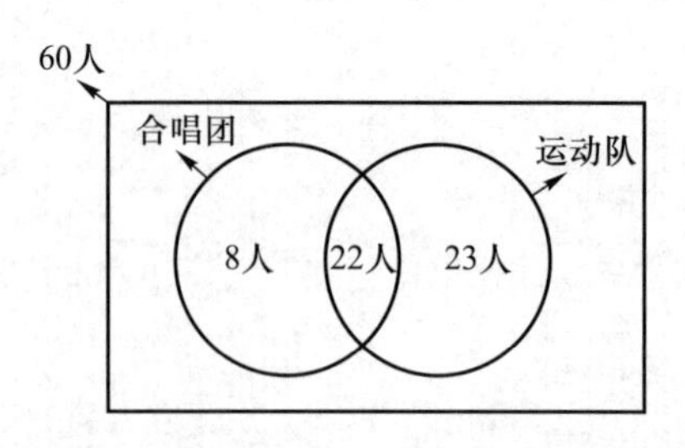

题意可知，参加合唱团的共有 30 人，参加合唱团而未参加运动队的有 8 人，故参加合唱团且参加运动队的有 30–8=22（人）. 由于参加运动队的有 45 人，则参加运动队而未参加合唱团的有 45–22=23（人）. 选 C.

※ 技巧 8：杠杆交叉比例法

1. 适用情况

当出现一个整体分为两部分时，可以采用杠杆交叉比例法，简称为交叉法．交叉法是应用题中一类技巧方法，运用此法的关键在于应用时机的把握以及最后比值的确定．当一个整体按照某个标准分为两部分时，可以根据杠杆原理得到交叉法，快速求出两部分的数量比．另外，交叉法的应用不局限于平均值问题，只要涉及一个大量、一个小量以及它们混合后的中间量，一般都可以利用交叉法算出大量与小量的比例，例如溶液配比问题．

2. 使用方法

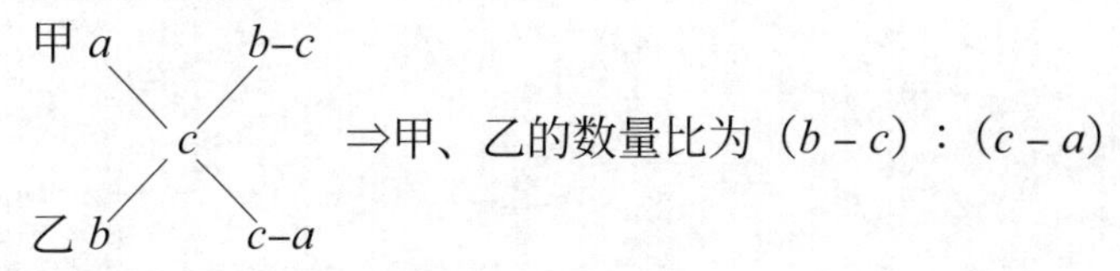

先上下列出甲、乙的数值，分别与整体的值进行相减，这样就可以得出甲、乙的数量比．

例 7. 公司有职工 50 人，理论知识考核平均成绩为 81 分，按成绩将公司职工分为优秀与非优秀两类，优秀职工的平均成绩为 90 分，非优秀职工的平均成绩是 75 分，则非优秀职工的人数为（　　）．

A. 30　　B. 25　　C. 20　　D. 18　　E. 16

解析： 利用交叉法

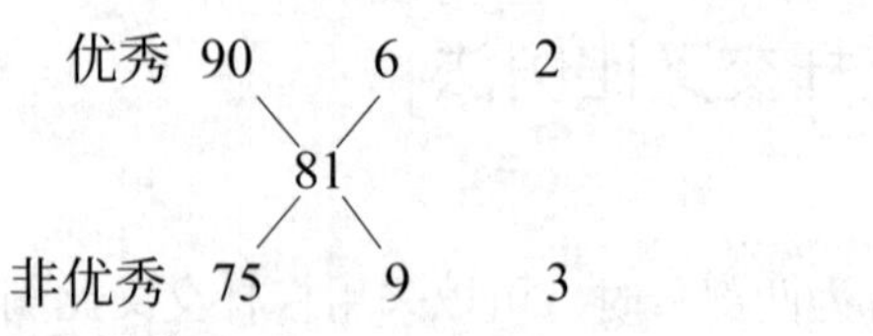

所以，非优秀职工的人数是$50\times\frac{3}{5}=30$．选A．